职业教育校企合作新形态富资源教材

常用工具软件

（第 2 版）

主　编　谢丽丽

副主编　钱力涛　王　磊

参　编　王　菊　孙　青

　　　　冯建华　高　凯

北京理工大学出版社
BEIJING INSTITUTE OF TECHNOLOGY PRESS

版权专有 侵权必究

图书在版编目（CIP）数据

常用工具软件 / 谢丽丽主编 . -- 2 版 . -- 北京：北京理工大学出版社，2023.1 重印

ISBN 978-7-5763-0479-4

Ⅰ. ①常… Ⅱ. ①谢… Ⅲ. ①软件工具 Ⅳ. ①TP311.561

中国版本图书馆 CIP 数据核字（2021）第 205076 号

出版发行 / 北京理工大学出版社有限责任公司	
社　　址 / 北京市海淀区中关村南大街 5 号	
邮　　编 / 100081	
电　　话 /（010）68914775（总编室）	
（010）82562903（教材售后服务热线）	
（010）68944723（其他图书服务热线）	
网　　址 / http://www.bitpress.com.cn	
经　　销 / 全国各地新华书店	
印　　刷 / 定州启航印刷有限公司	
开　　本 / 787 毫米 × 1092 毫米　1/16	
印　　张 / 13.5	责任编辑 / 张荣君
字　　数 / 217 千字	文案编辑 / 张荣君
版　　次 / 2023 年 1 月第 2 版第 2 次印刷	责任校对 / 周瑞红
定　　价 / 39.50 元	责任印制 / 边心超

图书出现印装质量问题，请拨打售后服务热线，本社负责调换

前言

随着信息爆炸时代和"互联网+"时代的来临，人们原有的生活和办公方式发生了巨大的变化，从原来的有纸办公走向了无纸化办公，从数据的不敏感走向数据的安全性等，这就需要人们提高对计算机常用软件的使用熟练程度，从而摆脱人们依赖于计算机专业人士解决日常遇到的难题。工具软件的出现可谓深得人心，其涉及领域广，包含内容全面，已经成为人们处理日常问题的主要帮手。

本书按照现代生活和办公的需求，以培养高素质和应用型的办公文员为目标，结合互联网和最新应用技术，遵循计算机初学者的认识规律和学习思路，在学习内容、学习思路、学习手段等方面进行了深入探索和改革创新，既有利于读者掌握工具软件的使用，还注重加强其理论水平的提高，是一本适合中高职院校计算机专业或公共科目的教材，也可作为办公文员或计算机初学者等社会人员的自学用书。

本书编写特点

1. 思政先行，入脑入心

落实立德树人责任，响应思政进教材号召，将思政元素结合专业知识、技能融入教学任务，在学习知识、强化技能的同时，进行爱国教育，增强民族自豪感、自信心，培养劳模精神、劳动精神、工匠精神。

2. 项目引领，目标明确

按照职业应用项目式编写体例，按照项目教学要求，分项目和任务进行学习，每个项目有明确的职业能力目标，每个任务均由任务描述创设学习情境，再以任务分析和任务实施呈现操作途径和操作技能点，用相关知识概括任务所涉及的理论知识，用拓展知识和拓展任务加以巩固操作技能并延伸知识，以满足不同学习者的学习需求。

3. 任务驱动，行动导向

本书采用任务驱动模式，任务以行业需求为导向，以技能培养为主线，以解决工作、学习中的问题为突破口，每个任务贴近职业环境，贴近岗位，具有较强的可操作性，与行业发展相一致，能够满足职业发展的要求。

4. 边学边练，举一反三

每个项目的任务由任务分析、任务实施、相关知识、拓展知识、拓展任务、做一做等七大环节构成，在完成典型工作任务的过程中注重培养实际动手能力、拓展思维能力。通过拓展任务，达到举一反三、触类旁通的效果。

5. 与时俱进，通俗易懂

本书内容设计打破常规，与时俱进，引入最新、最实用的工具软件，增强学习者的认同感和吸引力。任务设计避免枯燥难懂的理论描述，力求简明，通俗易懂。

本书编写内容

本书内容丰富、案例多样，紧密结合信息时代发展潮流和办公需求，共设计了7个项目，分别是工具软件初相识、当好文件小管家、图像处理不求人、娱乐视听一点通、系统管理小卫士、信息传递你我他、辅助办公小能手。

由于编者水平有限，书中难免有疏漏和不妥之处，恳请广大读者批评和指正，以便修订时更正。

编　者

目录 CONTENTS

项目1　工具软件初相识 ·· 1
　任务1　请问你从哪里来——软件获取 ································ 2
　任务2　安家落户虑周全——软件安装 ································ 6
　任务3　拆迁队长要当好——软件卸载 ······························ 10

项目2　当好文件小管家 ·· 15
　任务1　网上资料搬回家——迅雷 ····································· 16
　任务2　数据直接存云端——百度网盘 ······························ 19
　任务3　打包带走更便捷——WinRAR ······························ 24
　任务4　私人文件你别看——文件夹加密 ··························· 30

项目3　图像处理不求人 ·· 37
　任务1　精彩瞬间照片墙——ACDSee ······························· 38
　任务2　选定区域永收藏——Snipaste ······························· 49
　任务3　美白显瘦魔法棒——美图秀秀 ······························ 54
　任务4　文件格式变个脸——格式工厂 ······························ 64

项目4　娱乐视听一点通 ·· 71
　任务1　天籁之音随心听——百度音乐 ······························ 72
　任务2　降噪变声我都行——Adobe Audition ····················· 79
　任务3　五彩缤纷看视频——爱奇艺 ·································· 90
　任务4　妙手剪出新电影——剪映 ····································· 95

项目5　系统管理小卫士 ········· 111

　　任务1　麻雀虽小五脏全——鲁大师 ········· 112
　　任务2　最强之矛保安全——360杀毒 ········· 118
　　任务3　火眼金睛识木马——360安全卫士 ········· 126
　　任务4　手机监管面面全——手机管家 ········· 134

项目6　信息传递你我他 ········· 139

　　任务1　网上冲浪任我行——浏览器 ········· 140
　　任务2　无须邮票疾如风——电子邮箱 ········· 148
　　任务3　乐在沟通每一天——QQ ········· 160
　　任务4　工作生活新方式——微信 ········· 174

项目7　辅助办公小能手 ········· 181

　　任务1　便携文档轻松阅——Adobe Reader ········· 182
　　任务2　方便快捷绘导图——XMind ········· 189
　　任务3　协同合作编文档——腾讯文档 ········· 196
　　任务4　日常会议网上搬——腾讯会议 ········· 201

项目 1

工具软件初相识

- ■ 请问你从哪里来——软件获取
- ■ 安家落户虑周全——软件安装
- ■ 拆迁队长要当好——软件卸载

软件是用户与硬件之间的接口界面，是计算机系统设计的重要依据，也是"人机交互"的重要桥梁。在设计计算机系统时，为了方便用户使用，也为了发挥计算机的最大总体效用，设计者还需要全局考虑软件的结合性，以及用户和软件的可调性、互动性和可用性。工具软件就是在使用计算机进行工作和学习时经常使用的软件。本项目将详细介绍常用工具软件的获取、安装、卸载与应用的操作方法和应用技巧，为用户完全掌握计算机常用工具软件打下良好的基础。

> **能力目标** ➪ 1. 掌握获取工具软件的方法，获取需要的软件。
> 2. 学会工具软件的安装方法并能正确安装所需软件。
> 3. 学会工具软件的卸载方法并能完全卸载软件。
> 4. 能够熟练应用常用工具软件，满足日常工作、生活、学习的需要。

任务1　请问你从哪里来——软件获取

用户在使用工具软件之前，需要先获取工具软件源程序，并将其安装到计算机中。这样用户才能使用这些软件，并为之进行必要的管理和应用。

任务分析

五笔输入法是一种十分快捷、方便的汉字输入法，相对于拼音输入法具有重码率低的特点，熟练后可快速输入汉字。即使遇到不认识的字，五笔输入法也可以打出来，拼音输入法却无能为力。但前提是计算机中必须安装有五笔输入法，我们才能正常使用。为此我们必须先获取五笔输入法的安装程序。

获取工具软件的途径有多种，可以购买安装光盘、从官方网站下载和常见的下载网站下载。五笔输入法的版本较多，目前比较流行的是极品五笔输入法。

任务实施

通过百度搜索引擎浏览网页找到需要的工具软件，来实现查找。

步骤 1： 输入百度搜索引擎网址 http://www.baidu.com，打开百度主页，如图 1-1-1 所示。输入关键字"极品五笔输入法"，单击"百度一下"按钮。

图 1-1-1　百度网站窗口

步骤 2： 在打开的搜索结果页面中，找到极品五笔输入法的官方下载条目，单击所需链接，如图 1-1-2 所示，单击"高速下载"按钮，弹出"新建下载任务"对话框，如图 1-1-3 所示，选择好文件存储位置，单击"下载"按钮，即可开始下载。

【小提示】

目前较多的搜索引擎在搜索结果中直接提供了下载链接，在图 1-1-2 所示的页面中可以直接单击"百度软件中心"的"最新官方版下载"链接，这会使软件下载更加便捷。

步骤 3： 下载完毕后，在对应存储的文件夹中会出现极品五笔输入法的程序，至此，极品五笔输入法工具软件获取完成。

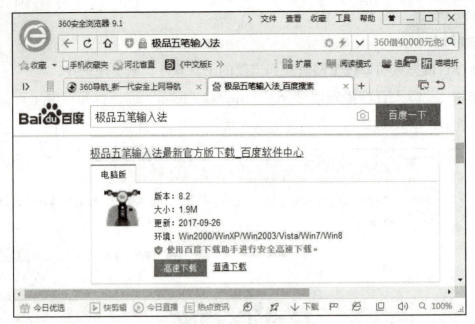

图 1-1-2 搜索结果页面

图 1-1-3 "新建下载任务"对话框

相关知识

1. 软件基础知识

软件是按照选定顺序组织在一起的一系列计算机数据和指令的集合,不仅指运行的程序,也包括各种关联的文档。作为人类创造的诸多知识的一种,软件同样需要知识产权的保护。

根据软件的用途来划分,软件可分为系统软件和应用软件两大类。

(1)系统软件。系统软件的作用是协调各部分硬件的工作,并为各种应用软件提供支持，将计算机当作一个整体，不需要了解计算机底层的硬件工作内容，即可使用这些硬件来实现各种功能。

（2）应用软件。应用软件是用户可以使用的各种程序设计语言，以及用各种程序设计语言编制的应用程序的集合。应用软件可以满足用户不同领域、不同问题的应用需求，可以拓宽计算机系统的应用领域，放大硬件的功能。

2. 工具软件

工具软件是指在使用计算机进行工作和学习时经常使用的软件，能够对计算机的硬件和操作系统进行安全维护、优化设置、修复备份、翻译、上网、娱乐和杀毒等操作的应用程序，用来辅助人们学习、工作、软件开发、生活娱乐、专业应用等各方面的应用，提高效率。

大多数工具软件是共享软件、免费软件、自由软件或软件厂商开发的小型商业软件。其代码编写量相对较小，功能相对单一，但能为用户解决一些特定的问题，使用非常方便，所以深受用户喜爱。根据其应用方向可以分为如下几类。

（1）办公软件。办公软件是指在办公应用中使用的各种软件，这类软件主要包括文字处理、数据表格的制作、演示文稿制作、简单数据库处理等。

（2）网络软件。网络软件是指支持数据通信和各种网络活动的软件。随着互联网技术的发展和普及，产生了越来越多的网络软件，如，各种网络通信软件、下载上传软件、网页浏览软件等。

（3）安全软件。安全软件是指辅助用户管理计算机安全性的软件程序。广义的安全软件用途十分广泛，主要包括防止病毒传播、防护网络攻击、屏蔽网页木马和危害性脚本，以及清理流氓软件等。

（4）图形图像软件。图形图像软件是指浏览、编辑、捕捉、制作、管理各种图形和图像文档的软件。其中既包含各种专业设计师开发使用的图像处理软件，如 Photoshop 等，也包括图像浏览和管理软件，如 ACDSee 等，以及捕捉桌面图像的软件，如 SnagIt 等。

（5）多媒体软件。多媒体软件是指对视频、音频等数据进行播放、编辑、分割、转换等处理的相关软件。

（6）行业软件。行业软件是指针对特定行业定制的、具有明显行业特点的软件。随着办公自动化的普及，越来越多的行业软件被应用到生产活动中。常用的行业软件包括会计软件、股票分析软件、列车时刻查询软件、计算机辅助设计软件等。

（7）桌面工具。桌面工具是指一些应用于桌面的小型软件，可能帮助用户实现一些简单而琐碎的功能，提高用户使用计算机的效率或为用户带来一些简单而有趣味的体验。在各种桌面工具中，最著名且常用的就是微软在 Windows 中提供的各种附件，如计算器、画图、记事本、放大镜等。

工具软件有着广阔的发展空间，是计算机技术中不可缺少的组成部分。许多看似复杂烦琐的事情，只要找对了相应的工具软件，都可以很容易地解决。

拓展知识

工具软件的获取方式非常多，除了本任务中所叙述的通过搜索引擎查找，还可以通过第三方软件商（如 360 软件管家、腾讯电脑管家—软件管理等）实现常用工具软件的获取。

目前国内有许多知名的工具软件下载网站，如华军软件园、天空软件站、太平洋下载、非凡软件站、绿色软件联盟、电脑之家、驱动之家等。下载软件时尽量避免点击不知名的网站链接，以免下载到恶意软件，致使计算机受到攻击。

拓展任务

请使用 360 软件管家来获取"迅雷 11"工具软件，保存到 E 盘"工具软件"文件夹中。

操作提示：在打开的 360 软件管家的窗口中，使用 360 软件管家进行分类查找，下载需要的资源。

做一做

在官方网站下载"学车宝驾驶模拟器"软件，保存至 D 盘新建文件夹"学车宝"中。

任务2　安家落户虑周全——软件安装

用户获取到需要的工具软件之后，首先要将其安装到计算机中，才能使用这些软件，并为之进行必要的管理及应用。而对于不需要的工具软件，用户还可以进行卸载，以还原计算机磁盘空间及减小计算机运行负载。

任务分析

工具软件的安装要占用计算机资源，可根据计算机硬盘各个分区的情况考虑安装位置。要安装工具软件，一般先看安装说明，然后找到对应的安装文件，根据安装向导进行安装。

任务实施

将极品五笔输入法下载到自己的计算机中，接下来着手安装该软件。

（1）双击极品五笔输入法安装文件，弹出"极品五笔输入法安装向导"窗口，如图1-2-1所示。

图1-2-1　安装向导

（2）单击"下一步"按钮，进入"许可协议"页面，选择我同意此协议，如图1-2-2所示。

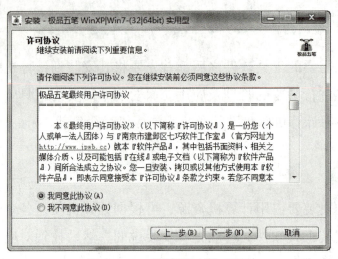

图 1-2-2 "许可协议"页面

（3）单击"下一步"按钮，弹出"选择目标位置"对话框，如图 1-2-3 所示，选择软件的安装位置，单击"下一步"按钮，直至安装完成。

大多数软件的安装都会包括确认用户协议、选择安装路径、选择软件组件、安装软件文件以及完成安装等步骤，不同的软件的安装步骤也不尽相同，用户只需根据提示，一步一步地进行操作。

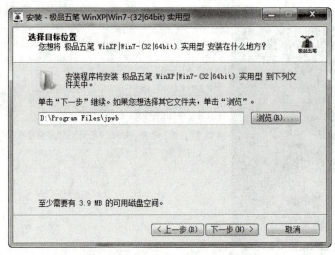

图 1-2-3 "选择目标位置"页面

【小提示】

在选择安装位置时，尽量不要选择 C 盘，因为 C 盘通常是用来安装操作系统的，若所有软件都安装在 C 盘，C 盘空间会越来越小，从而导致系统运行速度越来越慢。

【小提示】

由于目前的免费软件中都捆绑了第三方软件，也就是附加软件，因此在安装过程中，用户需要仔细查看每一个安装步骤，去掉默认选中的不需要的软件，如图1-2-4所示，以防止在不知情的情况下安装许多无用的软件。

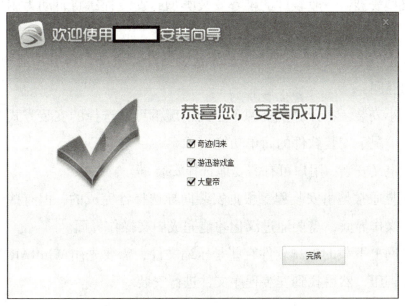

图1-2-4　安装向导中的默认选中项

相关知识

1. 安装程序

安装程序是一种计算机软件工具，主要用于安装其他软件或驱动程序。安装程序文件名通常以Setup、Install、Installer等形式出现。安装程序通常也会提供卸载程序（反安装程序），可以将软件从计算机中卸载删除。

2. 绿色软件

通俗来讲，绿色软件就是从网上下载后不用安装，可直接使用的软件，一般指小型软件，其最大的特点是不对注册表进行任何操作，不对系统敏感区进行操作，不向非自身所在目录外的目录进行写操作，无须安装和卸载，可以存放在U盘或其他便于携带的存储器中，软件不使用时可直接删除而不会将任何记录（注册表信息等）留在计算机中。免费使用，无须注册，没有任何限制。

拓展知识

软件安装一般提供4种安装方式，分别是典型安装、完全安装、最小安装和自定义安装。

（1）典型安装：一般软件的推荐安装类型，安装程序将自动为用户安装最常用的选项。

（2）完全安装：会把整个软件全部安装到计算机中，所有功能都可以实现，但比较占用空间。

（3）最小安装：在计算机资源不足的情况下可以选择的安装方式，会在占用空间最小的情况下安装软件的简单功能。

（4）自定义安装：用户可有需要地选择安装。

软件安装通常是由安装程序根据安装向导选择性完成的，但有些国外的工具软件是英文操作界面，需要通过汉化才能完成中文操作界面。

从互联网上下载的工具软件有些是压缩文件，需要先用WinRAR等压缩软件把压缩文件解压，然后找到安装程序文件进行安装。

拓展任务

请安装 Adobe Premiere Pro CS6，并汉化该程序。

操作提示：

在计算机中下载 Adobe Premiere Pro CS6 后并安装，然后根据汉化包找到相应的汉化路径进行汉化，使 Adobe Premiere Pro CS6 的英文操作界面变成中文操作界面，以便于学习。

做一做

1. 请安装"迅雷11"工具软件。

2. 找一找你身边有没有软件的安装光盘，尝试着进行安装。

3. 安装"微信"程序，并观察桌面上是否存在其快捷方式，如果没有，为其创建。

任务3　拆迁队长要当好——软件卸载

如果用户不再使用某个软件，那么可将该软件从 Windows 操作系统中卸载，以节省磁盘空间。

任务分析

当用户从网上下载了许多工具软件后，会占用太多的磁盘空间，严重影响机器的运行速度，为此可将一段时间内不会再使用的软件进行卸载，以腾出硬盘空间。

在计算机上对已经安装的不需要的软件进行卸载，要找到其相应的卸载工具来卸载。工具软件卸载的方法很多，可以用以下 3 种方法尝试卸载。

（1）使用应用软件自带的卸载程序。
（2）使用 Windows 中的"程序和功能"卸载。
（3）使用第三方工具软件进行卸载。

任务实施

1. 使用软件自带卸载程序

大多数软件都会自带一个软件卸载程序。用户可以单击 Windows 图标，从开始程序列表中选择要卸载的软件，再选择卸载程序即可，一般卸载程序名称会包含 "Uninst" 或 "Uninstall"。或者，直接在该软件的安装文件夹下，查找到卸载程序文件，双击该文件即可。

2. 使用 Windows 中的"程序和功能"

Windows 系统自带了添加／卸载程序，以帮助用户卸载不必要的程序软件。打开操作系统的"控制面板"窗口，如图 1-3-1 所示。单击"程序和功能"图标，在"卸载或更改程序"界面中右击需要删除的程序，在弹出的快捷菜单中执行"卸载"命令，如图 1-3-2 所示，在弹出的"卸载或更改程序"界面中，根据提示进行卸载即可。

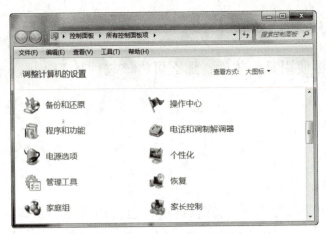

图 1-3-1 "控制面板"窗口

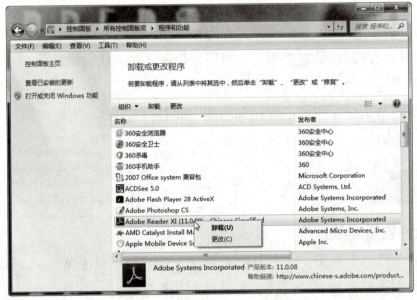

图 1-3-2 "卸载或更改程序"界面

3. 使用工具软件进行卸载

使用第三方工具软件，如 360 安全卫士，也可以卸载不再使用的软件。

（1）打开 360 安全卫士工具，如图 1-3-3 所示。单击窗口右上方"软件管家"图标，打开"360 软件管家"窗口。

（2）在"360 软件管家"窗口中，单击上方工具条中的"卸载"按钮，如图 1-3-4 所示。

（3）"360 软件管家"窗口中列出了计算机中目前安装的所有应用程序，选中需要卸载的程序，单击"一键卸载"按钮，即可卸载该软件程序，如图 1-3-5 所示。

图 1-3-3　360 安全卫士工具

图 1-3-4　软件管家工具条

图 1-3-5　计算机中目前安装的应用程序列表

相关知识

1. 卸载软件

卸载软件是指从硬盘中删除已经安装的软件，删除时将软件所涉及的文件、文件夹以及注册表中的相关数据一起删除，从而释放占用的磁盘空间。

如果卸载软件时只对该软件所在的文件夹进行删除，那么会导致系统中留存一些无用信息，不仅占用磁盘空间，还会影响系统的运行速度和稳定性，因此，要卸载软件，最好先使用系统提供的默认卸载工具进行卸载。

2. 第三方卸载工具

除了360安全卫士提供的卸载工具，还有QQ电脑管家、Windows清理助手、完美卸载等常用的卸载工具。

（1）QQ电脑管家。QQ电脑管家是腾讯公司开发的一款免费的系统维护工具，主要功能包括安全防护、系统优化和软件管理。

（2）Windows清理助手。Windows清理助手是一款清理与安全辅助系统工具，主要以清理顽固文件为主，可以对木马和恶意软件进行彻底地扫描与清理，也集成少数与系统维护有关的小工具。

（3）完美卸载。完美卸载是一款功能强大的卸载软件，是维护系统的"瑞士军刀"，不仅有卸载功能，还有安装监视功能，并有大量与系统维护有关的小工具。

拓展知识

目前，在安装应用软件时，经常会碰到绿色版应用软件。它通常是一个压缩文件，解压后就能直接运行。其基本特征就是不对注册表进行任何操作。不需要安装和卸载，删除程序时只要删除程序所在目录和对应的快捷方式，免费使用，不需要注册，没有任何限制。

拓展任务

卸载图像处理工具软件"美图秀秀"绿色版。

操作提示：通过网站搜索下载"美图秀秀"绿色版。它是一个压缩包，对它进行解压应用，之后进行删除，完成卸载任务。

做一做

1. 在开始菜单中卸载QQ软件。
2. 用控制面板中的"程序和功能"卸载WPS软件。

项目 2

当好文件小管家

- ■ 网上资料搬回家——迅雷
- ■ 数据直接存云端——百度网盘
- ■ 打包带走更便捷——WinRAR
- ■ 私人文件你别看——文件夹加密

在日常工作、学习中，如何高效管理计算机中的各类文件是每个人都会面临的问题。下载是指将文件从服务器复制到自己的计算机。在上网的过程中，离不开文件的下载。同时，网络时代，每天产生的数据量正以惊人的速度不断增长，每人每天都需要用到各种各样的数据，所以便携、安全、大容量的移动硬盘变得尤为重要，而在出门的时候，又不可能时刻带着一个移动硬盘，这时，云存储就应运而生了。本项目将详细介绍各类文件管理工具的使用，通过本项目的学习，会使你的文件管理更方便、更精致、更快捷和更安全。

> **能力目标**
> 1. 掌握常用下载软件的使用方法，下载并安装软件。
> 2. 能够使用百度网盘备份、分享资料。
> 3. 掌握文件压缩工具的使用方法，能按需要压缩、解压缩文件。
> 4. 学会如何对文件进行加密、解密。

任务1　网上资料搬回家——迅雷

在日常工作和学习中，常常需要下载软件来获取各类资源。下载工具很多，下面就以迅雷下载工具为例来学习文件的下载。

任务分析

通过网站获取工具软件安装程序等资源时，可以用下载工具来实现，其中的翘楚就属迅雷了。迅雷软件提供了搜索与下载文件、批量下载文件、自定义限速等功能。

要实现下载资源的功能，首先要在计算机上安装迅雷，然后启动它，利用网页搜索工具查找到《战狼2》的下载网址进行下载。

任务实施

步骤1： 在百度搜索"战狼2迅雷下载"，找到"战狼2迅雷下载"，如图2-1-1

所示。

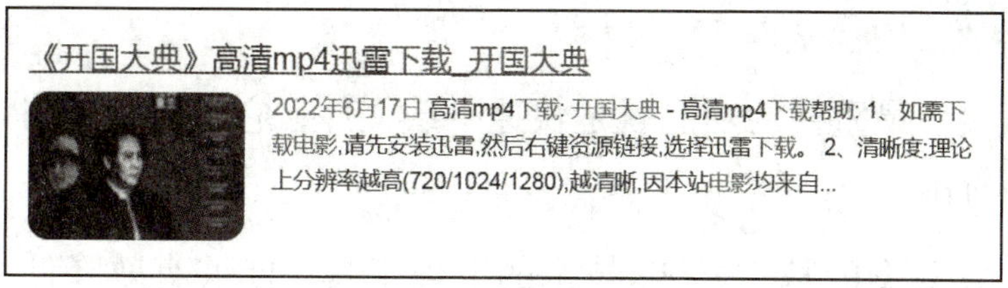

图 2-1-1　搜索界面

步骤 2：单击要下载的链接，进入下载页面，选择下载资源，然后单击"下载选中的文件"按钮，如图 2-1-2 所示。

【下载地址】
magnet:?xt=urn:btih:2aee400801fa13a1f0e373f5cb650f3165475f3d&dn=[电影天堂www.dytt89.com]开国大典HD国语无字.mkv

图 2-1-2　下载资源

步骤 3：弹出"新建任务"对话框，设置好存储路径后，单击"立即下载"按钮，如图 2-1-3 所示。开始下载文件后，在迅雷的操作界面中将会显示文件的下载速度、完成进度等信息。

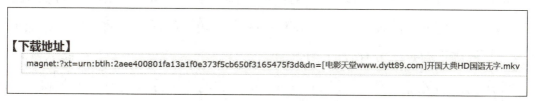

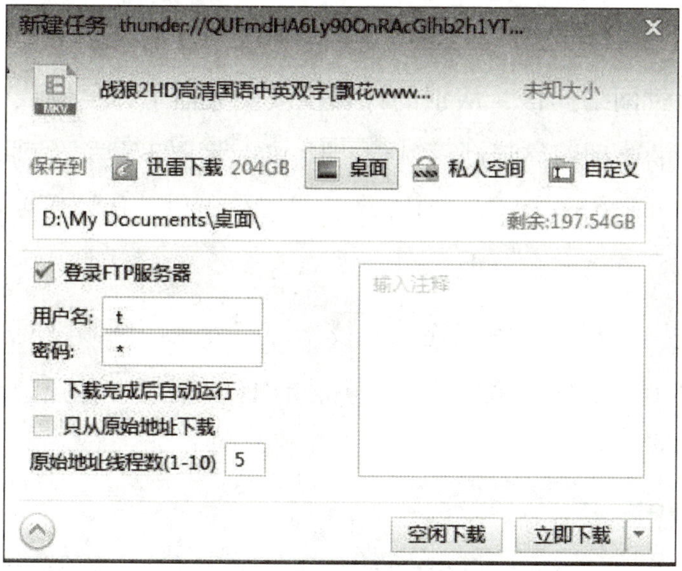

图 2-1-3　"新建"任务对话框

步骤 4：当下载完成时，会显示"已完成"提示，可以看到下载完成后的文件信息。至此，任务完成，下载到自己硬盘上的《战狼2》就可以随心所欲地收看了。

相关知识

迅雷最直接、最重要的功能就是快速下载文件，它可以将网络上的各种资源下载到本地磁盘中。

迅雷是一款新型的基于 P2SP 技术的下载工具，能够有效降低死链比例，也就是说，下载链接如果是死链，迅雷会搜索其他链接来下载所需的文件。该软件支持多节点断点续传，支持不同的下载速率。

迅雷具有批量下载功能，一次操作即可添加多个（无数量限制）下载任务，主要是为了方便下载动画片、连续剧等 URL 非常规则的任务。而一次性添加多个任务，是提高下载效率最有效的手段。

新版的迅雷还能下载 BT（BitComet）资源和电驴资源等，成为下载软件中的全能战士。

拓展知识

1. 下载

下载就是通过网络连接，从别的计算机或服务器上，复制或传输文件，保存到本地计算机中的一种网络活动。例如，从 Web 站点下载文件到硬盘上，最简单的下载就是使用 IE 浏览器下载，但这样只支持单线程，且不能支持断点续传，所以一般都会使用专门的下载工具。

下载工具是一种利用"多点连接"技术，充分利用网络带宽，实现"断点续传"功能，从网上更快地下载文本、图片、图像、视频、音频、动画等信息资源的软件。

2. 下载的方式和技术

从传统的 Web 下载方式到 P2P 技术，下载的技术在不断地改进与发展中。下面介绍两种当前主要的下载方式与技术。

（1）Web 下载方式。Web 下载方式分为 HTTP（超文本传输协议）与 FTP（文件传输协议）两种类型，它们是计算机之间交换数据的方式，也是两种比较经典的下载方式，其原理非常简单，就是用两种规则（协议）和提供文件的服务器取得联系并将文件搬到自己的计算机中来，从而实现下载的功能。

（2）P2P技术。P2P即Peer to Peer，称为对等连接或对等网络，是一种对等互联网技术。该下载方式与Web方式正好相反，该模式不需要服务器，不是在集中的服务器上等待用户端来下载，而是分散在所有Internet用户的硬盘上，从而组成一个虚拟网络，在用户机与用户机之间进行传播，也可以说每台用户机都是服务器。讲究"人人平等"的下载模式，每台用户机在下载其他用户机上文件的同时，还提供被其他用户机下载的作用，所以使用该种下载方式的用户越多，其下载速度就会越快。

拓展任务

1. 进行迅雷的属性设置，实现迅雷的批量下载任务。

2. 为了避免同时下载单个或多个文件时占用大量宽带，影响其他网络程序，迅雷提供了限速下载的功能，这样既可以实现下载任务又能快速浏览网页，请动手进行设置。

迅雷的限速设置

做一做

使用"迅雷11"下载"猎豹浏览器"安装程序。

任务2　数据直接存云端——百度网盘

云存储是在云计算概念上延伸和发展出来的一个新的概念，是一种新兴的网络存储技术，是指通过集群应用、网络技术或分布式文件系统等功能，将网络中大量各种不同类型的存储设备通过应用软件集合起来协同工作，共同对外提供数据存储和业务访问功能的系统。

任务分析

百度网盘（原百度云）是百度推出的一项云存储服务，专注于个人存储、备份功能，覆盖主流的 PC 和手机操作系统（包括 Windows 版、Mac 版、Android 版、iPhone 版和 Windows Phone 版等）。用户可以轻松将自己的文件上传到网盘上，并可跨终端随时随地查看和分享。

任务实施

通过百度搜索引擎找到需要的软件，实现安装。

步骤 1： 输入网址 "https://pan.baidu.com/download"，打开百度网盘主页。单击 "下载 PC 版" 按钮，下载并安装软件，如图 2-2-1 所示。安装完成后，主界面如图 2-2-2 所示。

图 2-2-1 百度网盘安装界面

【小提示】

为了更好地使用百度的功能，需要注册百度账号。使用百度账号就可以登录百度网盘，网盘的默认容量是 5GB，如果不够，可以付费扩容至 2TB。

图 2-2-2　百度网盘主界面

步骤 2：在百度网盘主界面中单击"上传"按钮，可以选择自己需要上传的文件。上传完成后，在主界面中会出现刚刚上传的文件。在界面左侧还有分类显示，如图片、文档、视频、种子、音乐、应用或其他。选中一个文件后，还可以单击左上角的"下载"或"删除"按钮，将文件下载到本地或从服务器上删除。

在百度网盘主界面中选择页面上端的"分享"模块，在弹出的"选择文件"对话框中选择要分享的文件，单击"确定"按钮后，再选择要分享的好友（需要提前添加），如图 2-2-3 所示。

【小提示】

在百度网盘主界面中，选中一个文件，单击左上角的"分享"按钮，出现"分享文件"对话框。其中最常用的"链接分享"是生成下载链接，然后复制链接发送给好友。

图 2-2-3　百度网盘分享模块

步骤 3：在百度网盘主界面中右上角，找到"设置"选项，可以对网盘进行设置（如显示桌面悬浮框等），如图 2-2-4 所示。

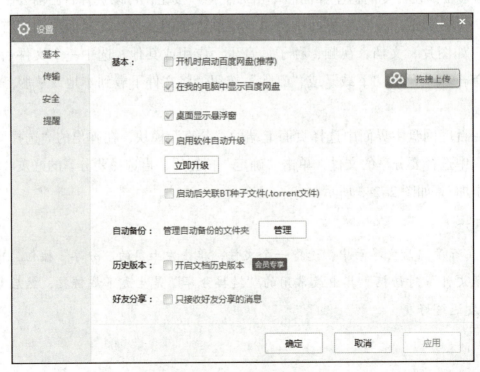

图 2-2-4　百度网盘的设置

此外，百度网盘主界面的"隐藏空间"模块，可以存放个人私密文件。百度网盘主界面的"功能宝箱"模块，可以实现手机忘带（查询近 3 天手机上的通话记录、短信）、自动备份本地文件夹等功能。

相关知识

1. 网盘和 U 盘的区别

（1）扩展性不同。网盘可以付费，扩展容量；U 盘无法扩展容量。

（2）使用方式不同。网盘依赖网络，把文件上传到网络空间去使用。U 盘可直接存储。

（3）安全性不同。如果保护好密码，网盘很少被盗；U 盘则容易被人拿去。

（4）方便性不同。只要有网络，就可以随时随地查看网盘文件。如果忘带 U 盘，只能去取 U 盘。

（5）分享的方便性不同。如果想分享文件给对方，创建网盘分享链接，别人即可下载。U 盘只能复制文件后发给对方或借给对方复制。

2. 常用的网盘

网盘产品众多，国外有 OneDrive。国内有百度云盘、360 云盘（企业云服务）、腾讯微云、天翼云盘等。

拓展知识

1. 百度网盘新增"我的卡包"功能

用户进入百度网盘网页版的首页即可看到系统提示："新增我的卡包，证件存储更加安全！""我的卡包"采用文件夹的方式排列在文件列表中，单击该文件夹后会提示用户设置二级密码，以后每次打开"我的卡包"，都需要输入该二级密码。

目前支持的证件类型包括身份证、驾驶证、行驶证、社保卡、护照、港澳通行证、房产证、不动产证共 8 种证件，添加后单击卡片后即可看到具体的证件号码。

整体来看，百度网盘这一功能方便大家不用携带实体卡片，需要时直接打开百度网盘查询即可，而有二级密码的存在一定程度上也保证了资料的安全性。

2. 使用百度网盘同步管理手机联系人

在更换手机的时候，同步数据、同步通讯录一直是一个很烦琐的过程，而百度网盘可以随手同步通讯录。以 iOS 系统的百度网盘为例：首先，打开百度网盘，在下方选择"更多"链接，单击"通讯录同步"链接，进入"通讯录网步"页面，单击"立即同步"，还可以开启"通讯录自动同步"功能；然后，在 PC 版网页端的"更多"页面下，找到"通讯录"，就可以管理手机联系人了。

拓展任务

1. 在百度网盘的"我的卡包"中添加自己的身份证信息。
2. 通过百度网盘同步自己的手机联系人。

使用百度网盘
分享文件

做一做

注册自己的百度账号，安装百度网盘。自己新建并上传一个文本文件，并生成链接分享给好友。

任务3　打包带走更便捷——WinRAR

一个较大的文件经压缩后产生一个较小容量的文件，这个过程称为文件压缩。目前在网络上大家常用的文件大多属于压缩文件，文件下载后必须先解压缩才能够使用。另外，在使用电子邮件附加文件功能的时候，最好也能预先对附加文件进行压缩处理，以提高效率。

任务分析

使用邮件的附件功能时，如果要添加的附件数量较多或者体积过大可以使用压缩工具的压缩功能进行文件压缩，从而减少文件数量、减小文件体积。在使用或接收到这种压缩文件后，先用压缩工具的解压功能对文件进行解压缩，然后就可以正常打开文件了。

文件压缩工具有多种，目前比较流行的有 WinRAR、2345 好压等。

项目 2　当好文件小管家

任务实施

1. 快速压缩文件

步骤 1：把要压缩的文件放到一个文件夹中（或者选择所有需要一起压缩的文件和文件夹），选择文件夹并右击，在弹出的快捷菜单中选择"添加到压缩文件"命令，如图 2-3-1 所示。

WinRAR 文件压缩

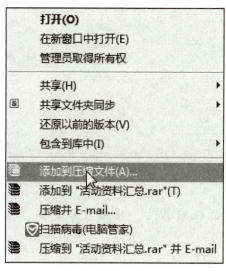

图 2-3-1　"添加到压缩文件"命令

步骤 2：在打开的"压缩文件名和参数"对话框中修改压缩文件名等参数，如图 2-3-2 所示。

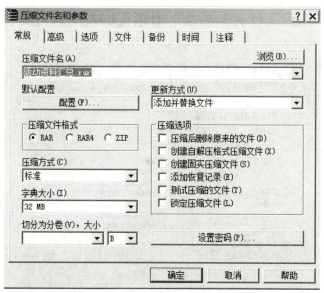

图 2-3-2　"压缩文件名和参数"对话框

根据需要可以单击"设置密码"按钮添加压缩密码，如图 2-3-3 所示。

设置完参数后单击"确定"按钮，即可生成压缩文件。新生成的压缩文件如图 2-3-4 所示。

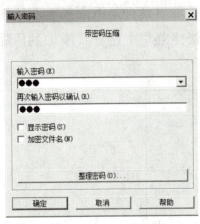

图 2-3-3　设置密码

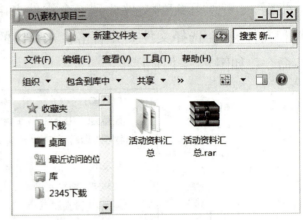

图 2-3-4　新生成的压缩文件

【小提示】

　　WinRAR 采用独创的压缩算法，压缩效率更高，尤其是对可执行文件、大型文本文件等。

2. 分卷压缩

　　分卷压缩可以将文件化整为零，常用于大型文件的网上传输。分卷传输之后再进行合成操作，既方便携带，也保证了文件完整性。

　　步骤 1：在"压缩文件名和参数"对话框的左下角可设置分卷大小，如图 2-3-5 所示。

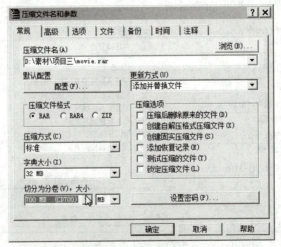

图 2-3-5　设置分卷大小

步骤2： 设置好压缩参数后开始压缩过程，压缩完成后会按照设置的分卷大小压缩成多个压缩包，如图 2-3-6 所示。

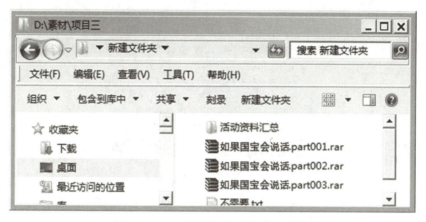

图 2-3-6　分卷压缩成多个压缩包

3. 管理压缩文件

如果误把不需要的文件添加到了压缩包中，可以把不需要的文件删除，减小压缩文件的体积；也可以向压缩包中追加其他需要一起打包的文件。

（1）删除压缩包中的文件。

步骤1： 双击打开压缩包，并在主窗口中双击打开包含文件的文件夹，找到要删除的文件，如图 2-3-7 所示。

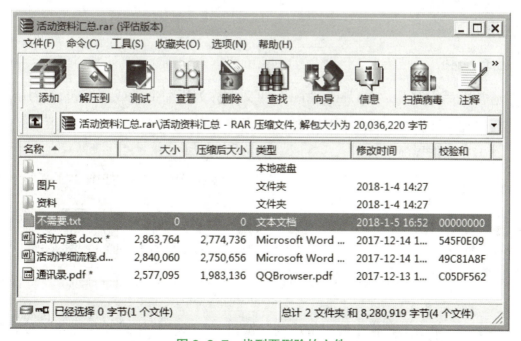

图 2-3-7　找到要删除的文件

步骤2： 选择要删除的文件右击，在弹出的快捷菜单中选择"删除文件"命令，如图2-3-8所示，并确认删除，则生成的新的压缩文件中已经不包含所删除文件。

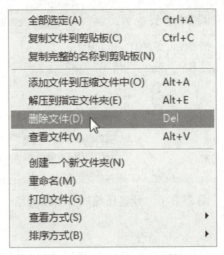

图2-3-8　右键快捷菜单

（2）向压缩包中追加文件。直接把要追加的文件拖动到如图2-3-7所示的对应文件夹中，并在弹出的菜单中确认，即可把新文件添加到压缩包中。

【小提示】

在右键快捷菜单中选择相应命令，可以对压缩包中的文件进行重命名、解压或排序等操作。

4. 解压文件

通常把后缀名为".zip"或".rar"的文件称为压缩文件或压缩包，使用这种文件需要先对其进行文件解压缩，这个过程称为解压文件。

（1）在操作界面中解压。

步骤1： 直接双击压缩包，打开WinRAR参数设置窗口，如图2-3-9所示。

图2-3-9　WinRAR工具栏

步骤2： 单击工具栏中的"解压到"按钮，打开"解压路径和选项"对话框，如图2-3-10所示。设置好解压保存路径后单击"确定"按钮就开始解压过程，完成后可以看到压缩包中包含的文件和文件夹。

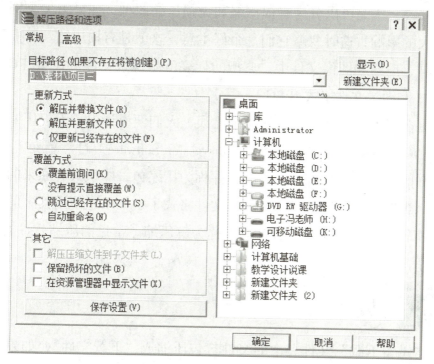

图 2-3-10 "解压路径和选项"对话框

（2）右键解压。右击要解压缩的压缩包，在弹出的快捷菜单中选择"解压到当前文件夹"命令，如图 2-3-11 所示，则 WinRAR 会直接将文件解压到当前压缩包所在的位置。

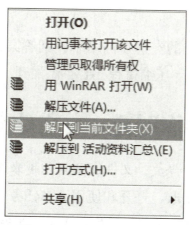

图 2-3-11 右键快捷菜单

相关知识

由于计算机处理的信息是以二进制数的形式表示的，因此压缩软件就是把二进制信息中相同的字符串以特殊字符标记来达到压缩的目的。

总体来说，压缩可以分为有损压缩和无损压缩两种。如果丢失个别的数据不会造成太大的影响，这时忽略它们是个好主意，这就是有损压缩。有损压缩广泛应用于动画、声音和图像文件中，典型的代表就是视频文件格式 MPEG、音乐文件格式 MP3 和图像文件格式 JPEG。

但是更多情况下压缩数据必须准确无误，人们便设计出了无损压缩格式，如常见的 FLAC、TAK 等。压缩软件（Compression Software）自然就是利用压缩原理压缩数据的工具，压缩后所生成的文件称为压缩包，体积只有原来的几分之一甚至更小。当然，压缩包已经是另一种文件格式了，如果想使用其中的数据，首先得用压缩软件把数据还原，这个过程称为解压缩。常见的压缩软件有 WinZip、WinRAR 等。

做一做

1. 把"迅雷下载"文件夹中的文件打包压缩成"下载文件"，如果文件超过 500MB 分卷压缩成每 500MB 一个压缩包，压缩时加入密码"13579"。

2. 解压缩 D:\素材\项目三\压缩作业.rar，解压密码为"666"，完成解压缩后的文件"基础知识题"中的题目。

3. 完成"基础知识"后，另存为"我的答案"，并制成压缩文件包，设置压缩密码为"study"。

4. 文件压缩过程是怎样的？请在网络中找到答案，然后用自己的话来回答，输入到记事本中，保存名为"压缩过程.txt"，添加到"我的答案"压缩包中。

任务4　私人文件你别看——文件夹加密

随着网络化、信息化的普及，文件安全问题越来越引起大家的重视。我们的文件有时候并不想让他人获取、打开和使用，本任务将详细介绍文件夹加密超级大师的使用方法，满足大家日常工作、生活中关于加密方面的需要。

任务分析

实现文件或文件夹的加密，要有一款合适的加密软件，最重要的是要掌握它的应用技巧。

　　文件夹加密超级大师是强大易用的加密软件，具有文件加密/解密、文件夹加密/解密等功能。其采用先进的加密算法，使文件加密和文件夹加密后，真正达到无懈可击，没有密码就无法解密，并能够防止被删除、复制和移动。

任务实施

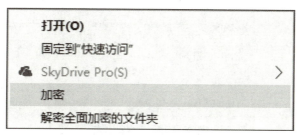

文件夹加密

1. 文件加密

　　安装好文件夹加密超级大师后，在需要加密的文件上右击，在弹出的快捷菜单中选择"加密"选项，如图 2-4-1 所示。然后，在弹出的文件加密对话框中设置文件加密密码，并选择加密类型，然后单击"加密"按钮，如图 2-4-2 所示。

图 2-4-1 "加密"选项

　　另外一种加密方法是，打开"文件夹加密超级大师"，单击窗口左上的"文件加密"图标，在弹出的对话框中选择需要加密的文件，如图 2-4-3 所示，单击"打开"按钮。然后在弹出的文件加密对话框中设置加密密码，选择加密类型，如图 2-4-2 所示，单击"加密"按钮。

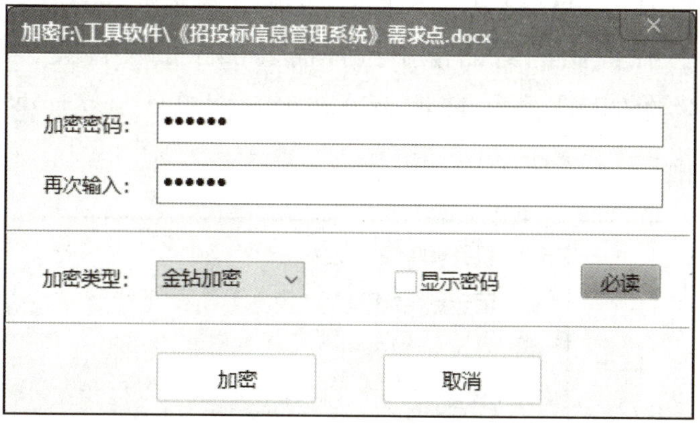

图 2-4-2 设置参数

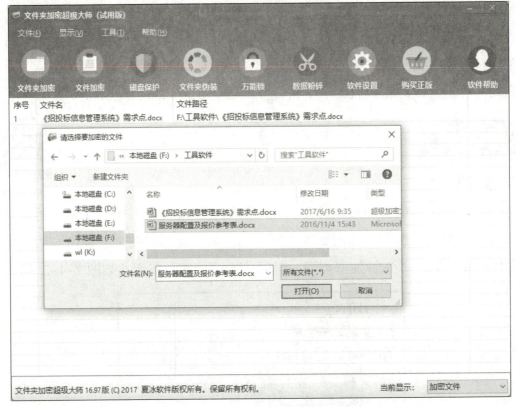

图 2-4-3　文件加密

2. 文件夹加密

在需要加密的文件夹上右击,在弹出的快捷菜单中选择"加密"选项,如图 2-4-4 所示。然后在弹出的文件夹加密对话框中设置文件夹加密密码,并选择加密类型,设置完成单击"加密"按钮,如图 2-4-5 所示。

另外一种加密方法是,打开"文件夹加密超级大师",单击窗口左上的"文件夹加密"图标,在弹出的对话框中选择需要加密的文件夹,单击"确定"按钮,然后在弹出的文件夹加密对话框中设置加密密码,选择加密类型,最后单击"加密"按钮,如图 2-4-6 所示。

图 2-4-4　快捷菜单

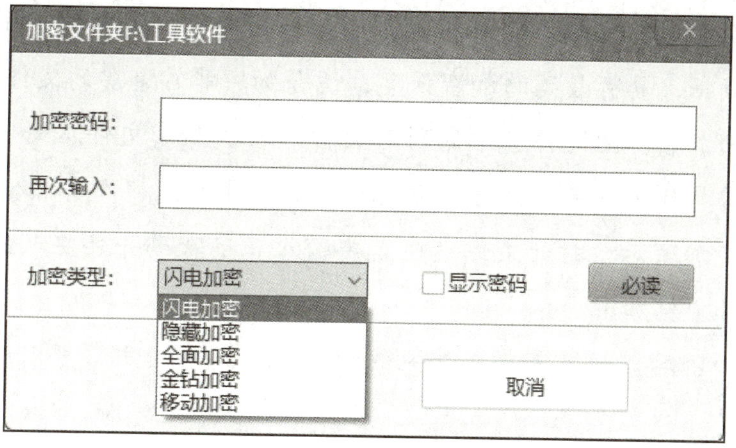

图 2-4-5　设置加密参数

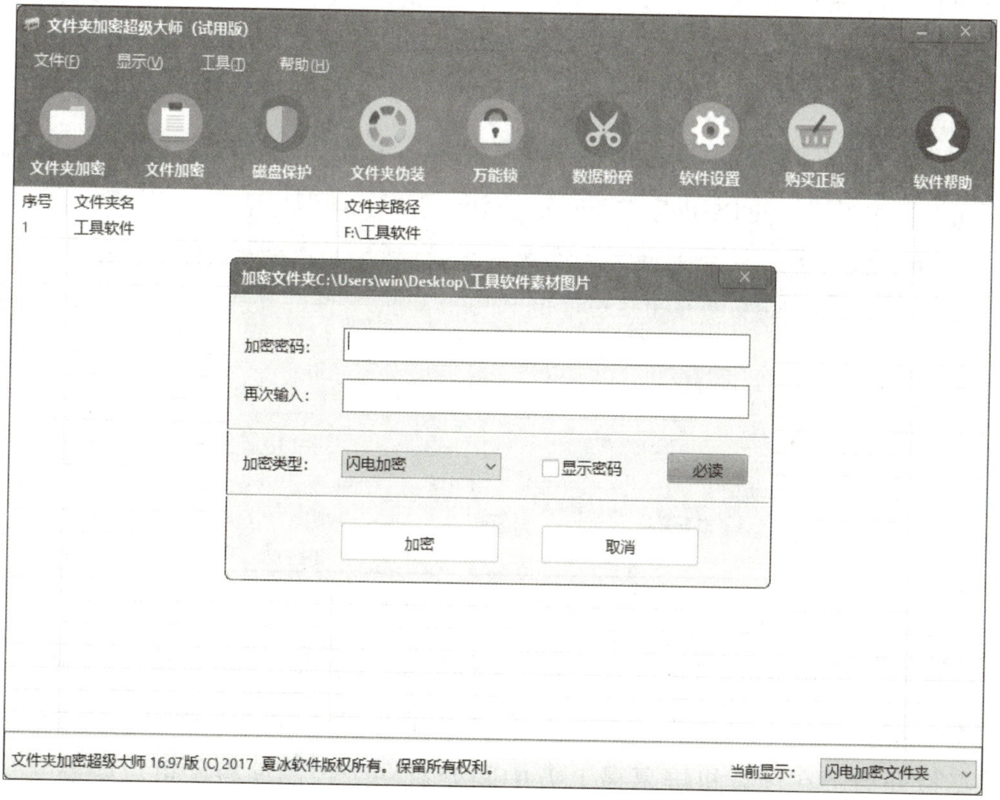

图 2-4-6　文件夹加密

【小提示】

文件夹加密超级大师有 5 种文件夹加密方法，分别是闪电加密、隐藏加密、全面加密、金钻加密和移动加密。

（1）闪电加密和隐藏加密：加密和解密速度非常快，并且不占用额外磁盘空间，非常适合加密体积较大的文件夹。

（2）全面加密、金钻加密和移动加密：采用国际上成熟的加密算法加密文件夹里面的数据，具有最高的加密强度，适合加密非常重要的文件夹。

（3）全面加密：把文件夹中的所有文件加密成加密文件。文件夹全面加密后，可以正常打开文件夹，但打开里面的任一文件时，都必须输入正确密码。

如果想在加密后，打开文件夹也需要输入正确密码并且要求最高的加密强度，可以选择金钻加密。

文件夹加密后，如果需要在其他的计算机上解密使用，可以选择文件夹移动加密。

3. 打开、解密加密文件夹和加密文件

步骤1：双击加密文件，然后在弹出的对话框中输入正确密码，单击"打开"按钮，如图2-4-7所示。加密文件打开后，可以查看和编辑文件。操作完毕后，文件夹加密超级大师会自动把该文件恢复到加密状态，不需要再次手动加密。如果想彻底解除密码，可以单击"解密"按钮，彻底解除加密。

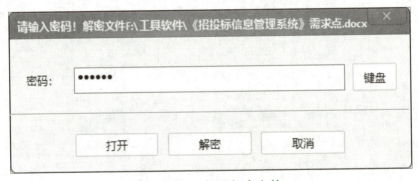

图2-4-7 打开加密文件

步骤2：双击加密文件夹或者在"文件夹加密超级大师"的窗口中单击文件夹加密记录，然后在弹出的对话框中输入正确密码，单击"打开"按钮。加密文件夹打开后，在计算机屏幕最上方中间处有一个控制面板（可以隐藏），如图2-4-8所示。

【小提示】

加密文件夹打开后，还是在加密状态，可以查看、编辑里面的文件。单击控制面板上的关闭按钮，打开的加密文件夹就关闭了。可以选中"自动关闭"复选框，当关闭文件夹浏览窗口后并且文件夹中的文件不再使用，文件夹就会自动关闭。

图 2-4-8　控制面板

4. 磁盘保护

对文件夹加密和文件加密都是小范围内的加密方式,该软件还能实现对整个磁盘分区的保护。这里介绍 3 种磁盘保护方式:初级保护、中级保护和高级保护,可分别实现不同的磁盘保护级别。

单击"文件夹加密超级大师"窗口上面的"磁盘保护"图标,打开"磁盘保护"对话框,单击"添加磁盘"按钮,在弹出的"添加磁盘"对话框中选择想要保护的磁盘分区,同时选择保护级别,单击"确定"按钮,如图 2-4-9 所示,这时再在计算机中寻找已经保护的磁盘,发现已经被隐藏了。

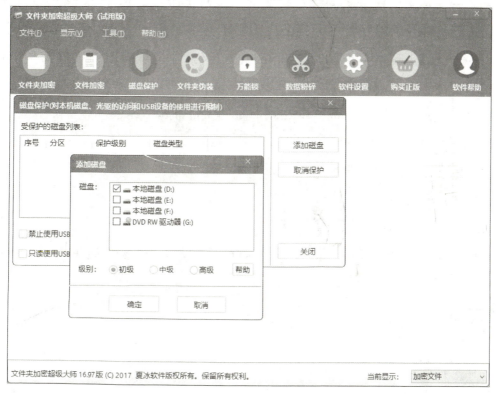

图 2-4-9　磁盘保护

【小提示】

3 种磁盘保护的区别如下。

初级保护:磁盘分区被隐藏和禁止访问(但在命令行和 DOS 下可以访问)。

中级保护:磁盘分区被隐藏和禁止访问(命令行下也无法看到和访问,但在 DOS 下可以访问）。

高级保护：磁盘分区被彻底隐藏，在任何环境用任何工具都无法看到和访问。

相关知识

文件加密是一种常见的密码学应用，文件加密技术是下面 3 种技术的结合。

（1）密码技术。

包括对称密码和非对称密码，可能是分组密码，也可能采用序列密码文件加密的底层技术。

（2）文件系统。文件系统是操作系统的重要组成部分。对文件的输入输出操作或文件的组织和存储形式进行加密也是文件加密的常用手段。对动态文件进行加密尤其需要熟悉文件系统的细节。文件系统与操作系统其他部分的关联，如设备管理、进程管理和内存管理等，都可被用于文件加密。

（3）文件分析技术。不同的文件类型的语义操作体现在对该文件类型进行操作的应用程序中，通过分析文件的语法结构和关联的应用程序代码而进行一些置换和替换，在实际应用中经常可以达到一定的文件加密效果。

利用以上技术，文件加密主要包括以下内容。

（1）文件的内容加密通常采用二进制加密的方法。

（2）文件的属性加密。

（3）文件的输入输出和操作过程的加密，即动态文件加密。

通常一个完整的文件加密系统包括文件系统的核心驱动、设备接口、密码服务组件和应用层几个部分。

做一做

1. 在桌面新建"文件加密"文件夹，并对其进行加密，然后解密。
2. 在"文件加密"文件夹中创建"机密文件.txt"文件，并对其进行加密，然后解密。
3. 对计算机的 C 盘进行保护。

项目 3

图像处理不求人

- 精彩瞬间照片墙——ACDSee
- 选定区域永收藏——Snipaste
- 美白显瘦魔法棒——美图秀秀
- 文件格式变个脸——格式工厂

随着数码科技的发展，用户习惯将日常工作与生活中的一些重要的、美好的事物以图像的形式进行记录，再通过计算机对保存的图像进行各种最基本的加工处理，使之更加美观，并且希望能够快速、随时地获取自己想要的图像。

除此之外，用户还将一些原本不属于图形图像表达范畴的工作流程、工作模式、模型和结构等内容图形化，以便可以对其进行更好地理解和表达。鉴于图形图像的广泛使用，为了满足计算机用户的需求，出现了多种各具特色的图形图像工具，使用图形图像工具对数字图像的处理与获取已经成为计算机的重要功能之一。

本项目将通过介绍 ACDSee、Snipaste、美图秀秀、格式工厂等 4 个工具软件，帮助用户掌握图像的捕捉、浏览、编辑、美化、管理以及格式转换等方法，让用户快速进入图形图像的奇妙世界。

> **能力目标**
> 1. 掌握图像的捕捉、浏览、编辑、美化、批处理等工具软件的应用。
> 2. 学会用图像相关软件对图像进行各种编辑处理。
> 3. 掌握在 ACDSee 中编辑、管理和转换图片格式的方法，能使用 ACDSee 快速浏览图片。
> 4. 掌握使用 Snipaste 捕获屏幕文件的方法并能熟练地捕获屏幕文件。
> 5. 掌握使用美图秀秀美化图片的方法，并能熟练地美化图片。

任务1　精彩瞬间照片墙——ACDSee

ACDSee 是目前非常流行的数字图像管理软件，它广泛应用于图片的获取、管理、浏览和优化。使用 ACDSee 可以从数码相机和扫描仪中高效获取图片，并进行便捷的查找、组织、预览等操作；它支持多种格式的图形文件，并能完成格式间的相互转换；它能快速、高质量地显示图片，再配以内置的音频播放器，可以播放精彩的幻灯片。此外，ACDSee 还是很好的图片编辑工具，能够轻松处理数码影像，拥有去除红眼、剪切图像、锐化、浮雕特效、曝光调整、旋转、镜像等功能，并可进行批量处理。

本任务将以 ACDSee 12 版本为例进行讲解。

任务分析

ACDSee 的主要功能包括：第一，浏览图片，它不但可以改变图片的显示方式，还可以进入幻灯片浏览器或浏览多张图片；第二，编辑图片，可以对图片的亮度、对比度和色彩等进行调整，还可以进行裁剪、旋转、缩放、添加文本等操作；第三，对图片文件进行简单的管理，包括重命名、复制、移动、转换图片格式等操作。

任务实施

1. 浏览和播放图片

ACDSee 的主要功能是浏览图片。启动 ACDSee 12，进入其主界面，如图 3-1-1 所示，可快速浏览计算机中的图片文件。

下面浏览计算机中指定文件夹内的图片内容，并对图片进行播放。

步骤 1：在"文件夹"窗格中选择"计算机"选项，依次单击该窗格中的"展开"按钮，展开图片所在的盘符和路径，这里展开"D:\素材\项目 4\风景花卉"文件夹。在文件列表上方将会显示该文件夹的路径，如图 3-1-2 所示，在中间的图片文件显示窗格中便可浏览"风景花卉"文件夹中的所有图片。

图 3-1-1 ACDSee 主界面

图 3-1-2 浏览图片

步骤2：在图片文件显示窗口中选中需要浏览的图片，将会弹出一个独立于窗口的显示图片，同时在左下角的"预览"窗格中也会显示该图片的放大效果，如图3-1-3所示，便于进一步浏览。

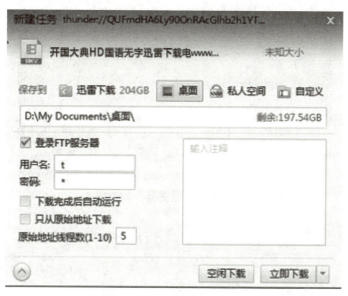

图3-1-3　选中浏览图片

【小提示】

将鼠标指针移至需要查看的图片文件上稍作停留，在无须选择该图片的情况下，系统会自动弹出该图片的放大效果。

步骤3：选择浏览方式。单击图片文件显示窗格上方的"过滤"下拉按钮，在弹出的下拉列表框中选择其中的"高级过滤器"选项，打开如图3-1-4所示的"过滤器"对话框，通过选择"应用过滤准则"项目下面的规则对图片进行过滤。

单击图片文件显示窗格上方的"查看"下拉按钮，在弹出的下拉列表框中可以选择"平铺""图标"等显示方式。图3-1-5所示为选择"图标"方式进行浏览的效果。

单击图片文件显示窗格上方的"排序"下拉按钮，在弹出的下拉列表框中可以选择按文件名、大小、图像类型等进行排序，图3-1-6所示为按文件"大小"进行排序。

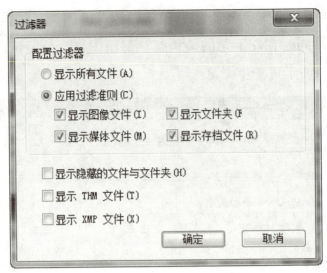

图 3-1-4 "过滤器"对话框

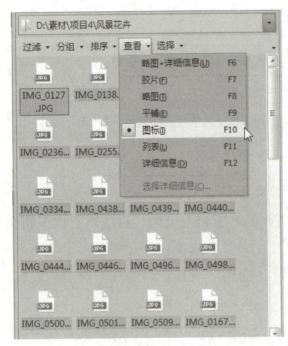

图 3-1-5 按"图标"模式查看

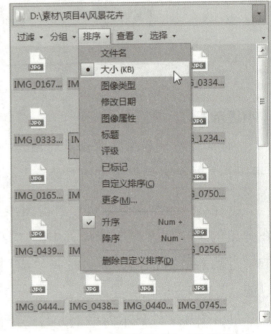

图 3-1-6 对图片按"大小"排序

步骤 4： 在图片文件显示窗格中选中某张需要详细查看的图片，按 Enter 键或双击该图片即可切换到全屏模式查看整张图片。使用上、下、左、右 4 个方向键可切换查看的图片，还可通过图片查看器中的相应按钮，进行查看上/下一张图片、缩放、旋转、全屏等操作，如图 3-1-7 所示。

图 3-1-7　查看整幅图片

步骤 5：在"幻灯放映"下拉列表框中选择"幻灯放映"选项，让图片自动播放起来，如图 3-1-8 所示。

图 3-1-8　幻灯放映

开启幻灯放映浏览模式，可利用放映工具条设置放映的顺序、时间间隔、循环方式等，如图 3-1-9 所示。

图 3-1-9　幻灯放映工具条

2. 编辑图片

ACDSee 除了具有图片浏览功能，还提供了强大的图片编辑功能，使用它可以对图片的亮度、对比度和色彩等进行调整，还可进行裁剪、旋转、缩放、添加文本等操作。下面将调整图片颜色，并为图片添加文字和边框，具体操作如下。

步骤 1： 启动 ACDSee 进入主界面后，选择要进行编辑的图片，单击菜单栏右侧的"编辑"按钮，如图 3-1-10 所示，进入图片编辑窗口。

图 3-1-10　图片编辑模式窗口

步骤 2： 图片编辑窗口左侧的"编辑工具"窗格中显示了许多编辑工具，根据需要在其中选择相关参数。这里选择"颜色"选项区域中的"色彩平衡"选项，如图 3-1-11 所示。

在"编辑工具"窗格中可对图片的饱和度、色调和亮度等参数进行设置。

步骤 3： 返回编辑模式，选择"添加"选项区域中的"文本"选项，在文本字段中输入要添加的文本"百合花开"并设置字体、字型、字号、颜色、大小等参数，如图 3-1-12 所示。

图 3-1-11 "色彩平衡"设置界面

图 3-1-12 "文本"设置窗口

步骤 4： 返回编辑模式，选择"添加"选项区域中的"边框"选项，对边框大小、纹理、边缘、边缘效应等进行设置，如图 3-1-13 所示。

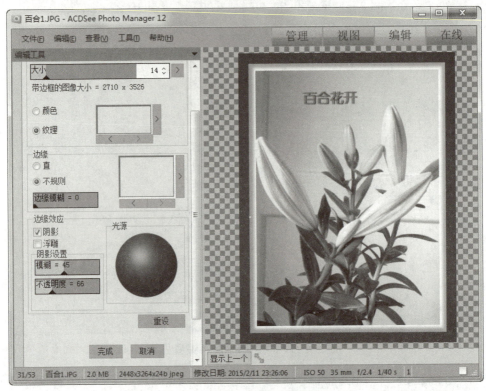

图 3-1-13 "边框"设置窗口

步骤 5： 至此，图片的颜色、为图片添加的文本和边框设置完成，单击"完成"按钮，保存更改后的图片文件。

3. 管理图片

管理图片也是 ACDSee 的重要功能之一，主要包括移动、复制、删除、重命名、转换图片格式操作等。下面将 JPG 图片格式转换为 TIFF 图片格式。

步骤 1： 在文件列表中选择需要进行格式转换的图片，可以同时选择多张。执行【批处理】→【转换文件格式】命令，如图 3-1-14 所示。

步骤 2： 打开"批量转换文件格式"对话框，在"格式"选项卡下的列表框中选择转换后的文件格式，这里选择"TIFF"选项，如图 3-1-15 所示，单击"下一步"按钮。

项目 3　图像处理不求人

图 3-1-14　转换图片格式

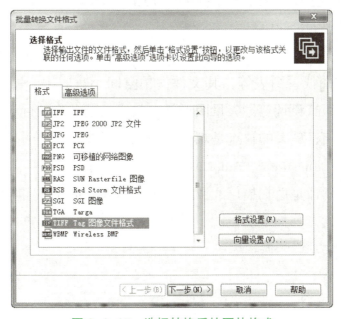

图 3-1-15　选择转换后的图片格式

步骤 3：进入"设置输出选项"界面，在"目标"选项区域中，选择转换后的图像文件保存的目标文件夹，如图 3-1-16 所示。单击"下一步"按钮，在进入的界面中保持默认设置，单击"开始转换"按钮，对话框中显示了所选图片文件的转换进度，完成转换后单击"完成"按钮即可，如图 3-1-17 所示。

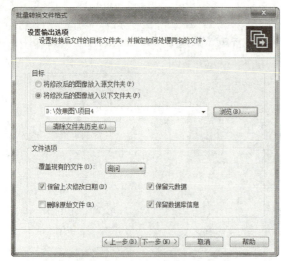

图 3-1-16　设置输出选项　　　　图 3-1-17　转换文件格式

相关知识

1. 图形和图像

图形、图像一般指计算机中存储的静态图形或图像。图形、图像可以形象、生动、直观地呈现大量的信息。

（1）图形。图形是指由外部轮廓线条构成的矢量图，即由计算机绘制的直线、圆、矩形、曲线、图表等，其文件占用空间小，适用于图形设计、文字设计、标志设计、版式设计等。矢量图形最大的优点是无论进行放大、缩小或旋转等操作都不会失真；最大的缺点是难以表现色彩层次丰富的逼真效果。常用的软件有 CorelDRAW、Illustrator、AutoCAD 等。

（2）图像。图像是由扫描仪、数码相机等输入设备捕捉实际的画面产生的数字图像，是由像素点阵构成的位图。位图就是以无数的色彩点组成的图案，无限放大时会看到一块一块的像素色块，效果会失真。

2. 图像文件格式

常见的图像文件格式有 8 种，其特点如表 3-1-1 所示。

表 3-1-1　常见的图像格式

图像格式	特点	应用范围
BMP	Windows 操作系统的标准位图格式，未经压缩，文件较大	很多软件中被广泛应用

续表

图像格式	特点	应用范围
JPEG	采用一种特殊的有损压缩算法，将不易被人肉眼察觉到的图像颜色删除，文件尺寸较小，下载速度较快	广泛应用在互联网上
GIF	不仅可以是一张静止的图片，也可以是动画，并且支持透明背景图像	网面上的小动画
PSD	储存了图片的完整信息，图层、通道、文字等，文件较大	Photoshop 的专用图像格式
PNG	支持图像透明，可利用 Alpha 通道调节图像的透明度	Fireworks 的源文件
TIFF	图像格式复杂，储存信息多，非常有利于原稿的复制	主要用于印刷
TGA	结构比较简单，属于一种图形、图像数据的通用格式，在多媒体领域有很大的影响	常应用于影视编辑中
EPS	用 PostScript 语言描述的一种 ASCII 码文件格式	主要用于排版、印刷等输出工作

做一做

1. 使用 ACDSee 浏览计算机上的图片，查看图片的缩略图模式，并编辑一张图片，要求对图片进行 45° 旋转并保存。

2. 使用 ACDSee 把文件扩展名为 .bmp 的图片转换为文件扩展名为 .jpg 的图片。

3. 图像的来源有哪些渠道？

ASDSee 批量转换文件

任务2　选定区域永收藏——Snipaste

在日常工作中，截图已经成了我们的一项重要需求，作为 Windows 平台极具特色的国产截图软件之一，Snipaste 将截图、贴图和强大的标注功能融为一体，支持将截图或者剪贴板内容直接固定在屏幕上，且拥有非常丰富的标注功能。

本任务将以 Snipaste v2.6.6-Beta 版本为例进行讲解。

任务分析

　　Snipaste 是一个简单但强大的截图工具，也可以让用户将截图贴回到屏幕上，还可以将剪贴板里的文字或颜色信息转化为图片窗口，并且将它们进行缩放、旋转、翻转、设为半透明，甚至让鼠标指针能穿透它们！Snipaste 是免费软件，它也很安全，没有广告，不会扫描用户的硬盘，更不会上传用户数据，它只做它应该做的事。

任务实施

1. 屏幕截图

　　当软件运行后，我们可以通过两种方式激活截图工具，即快捷键 F1 与单击托盘图标。截图工具打开之后，它会像 QQ 截图工具一样自动检测窗口，方便快速捕捉单一窗口。但是相比 QQ 截图，Snipaste 还提供了更加精确的自动检测元素功能，它可以捕捉窗口上的一个按钮或选项，甚至网页上的一张图片或一段文字。

　　运行 Snipaste 截图工具后，软件自动隐藏为托盘图标，按 F1 键开启其截图功能，如图 3-2-1 所示。

　　Snipaste 截图功能很强大，它可以自动检测界面元素区域（当然，也可以手动截取某个区域），像素级的鼠标移动控制、截图范围控制。任何时刻按 Esc 键，取消当前截图。也可以通过工具栏，快速地将截图保存到文件，或保存为贴图。

　　Snipaste 还是个图片标注工具。大部分情况下，我们截图之后都需要对细节进行进一步标注，Snipaste 可以方便地标注图片。它拥有丰富的画图工具，如矩形、椭圆、线条、箭头、铅笔、马克笔、文字。高级标注工具，如马赛克、高斯模糊、橡皮擦。还可以撤销和重做。Snipaste 截图工具栏如图 3-2-2 所示。

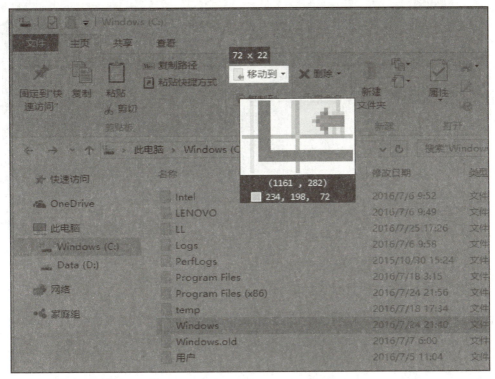

图 3-2-1　Snipaste 屏幕截图

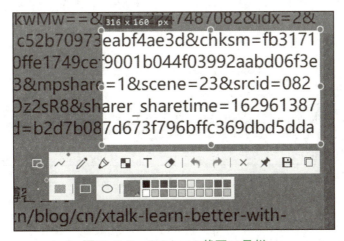

图 3-2-2　Snipaste 截图工具栏

2. 把图片作为窗口置顶显示

在大多数情况下,"作为窗口置顶"是将系统剪贴板中的内容转换为图片,使其成为最顶层的浮动窗口。截图后,单击工具栏上的图钉图标 ,该图片将显示为窗口置顶,如图 3-2-3 所示。

下面是 Snipaste 置顶图片的一个典型应用场景——数据对比。用浏览器打开中国知网（https://www.cnki.net/），右侧找到"高级检索"，在"主题"文本框中输入"中职学生"，单击"检索"按钮，可以看到有超过 16 万条检索结果。把置顶的图片用鼠标拖到一边。继续在检索条件第二项中选择"主题"选项，输入"心理韧性"，单击

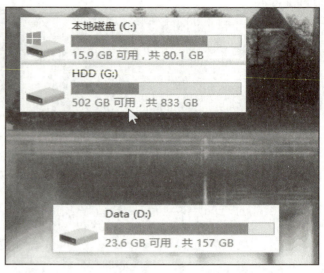

图 3-2-3　Snipaste 图片置顶

"结果中检索"按钮，可以看到还剩下 42 条结果。如图 3-2-4 所示，框内第一行是置顶的图片，第二行是第二次检索的结果。

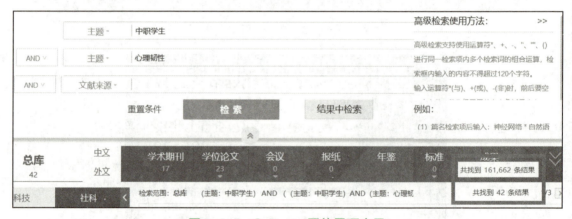

图 3-2-4　Snipaste 图片置顶应用

【小提示】

置顶的图片支持缩放，双击其可以关闭。

相关知识

1. 常用截屏方法

（1）使用系统自带的截图功能。Windows 系统中自带截屏功能，在键盘的方向控制键上方，可以看到 9 个不常用的功能键，其中一个为"PRINT SCREEN

SYSRQ",按下即可进行截屏,截屏完成后,可以在画图程序中,按 Ctrl+V 组合键进行截屏粘贴。需要注意的是,这个功能截屏出来是全屏的,不过可以同时按住 Ctrl 键进行窗口截图。

(2)QQ 自带截图功能,只要登录 QQ 就能直接进行截图。同时按 Ctrl+Alt+A 组合键,进行截图,完成后单击"完成"按钮把图片放入剪贴板,或单击"保存"按钮将截图存为文件。

2. 手机截屏

(1)最常见的方法是同时按下"电源键 + 降低音量键"。通常,安卓手机可以通过这种方式获取屏幕截图。

(2)某些安卓手机系统可以在系统主屏界面下,向上滑动或向下滑动,找到并点击"屏幕截图"功能。

(3)某些安卓手机系统可以在设置中打开"触摸手势",并使用手势在屏幕上截取屏幕截图。

拓展知识

FastStone Capture 是融截屏、滚动截图、屏幕录制、图片编辑为一体的轻量级截图软件,主要功能有捕捉当前活动窗口、捕捉窗口/对象、捕捉矩形区域、捕捉手绘区域、捕捉整个屏幕、捕捉滚动截图/窗口、屏幕录像机、屏幕标尺、截图编辑和画图等。

其特色功能是滚动截图,特别适合截取网页长图。

步骤 1:在 FastStone Capture 官网(http://www.faststonecapture.com/)单击"下载试用"按钮。

步骤 2:安装完毕后,双击打开软件,并选择界面中的"捕捉滚动窗口"功能选项。

步骤 3:把鼠标指针停在需要截图的网页,就会出现一个红色的框,单击鼠标,软件使用自动滚动模式,自动下翻网页并截图,如图 3-2-5 所示。

图 3-2-5　FastStone　Capture 滚动截图

步骤 4：截图完成之后，按 Esc 键即可停止截取网页长图，并一键保存。

拓展任务

1. 使用 FastStone Capture 截取完整长度的搜狐网首页。

2. 使用 FastStone Capture 的捕捉手绘区域功能，截取一个不规则区域的屏幕内容。

做一做

1. 使用 Snipaste 的屏幕截图功能，截取网页中的人像图片，并对其眼部进行模糊操作。

2. 使用 Snipaste 的图片作为窗口置顶显示功能，在百度中分别搜索"咸元宵"和"甜元宵"，对比百度搜到的相关结果数量。

使用 Snipaste 截图

任务3　美白显瘦魔法棒——美图秀秀

美图秀秀是一款比光影魔术手简单很多的新一代非主流免费图片处理软件，具有图片特效、美容、拼图、场景、边框、饰品等多种图像处理功能，加上每天更新的精选素材，可以将拍摄的数码照片快速加工成用户希望的效果，轻松地做出影楼级照片，并且美图秀秀还具有分享功能，能够将照片一键分享到新浪微博、QQ 空间中，以方便查看。

任务分析

本任务是利用美图秀秀进行图片美化、人像美容、照片装饰、制作 DIY 动态图等操作，通过本任务的学习，掌握美图秀秀的基本功能，从而学以致用。

任务实施

1. 图片美化

图片美化是美图秀秀的基本功能，通过该功能可对图像进行基本调整，如旋转、裁剪等,也可调整图片色彩和设置特效等,下面对图片进行美化设置,其具体操作步骤如下。

步骤1:启动美图秀秀工具软件,如图3-3-1所示。

图3-3-1 美图秀秀操作界面

步骤2:在操作界面中单击"美化图片"按钮,或选择"美化"选项卡,打开"美化"窗口,在其中单击"打开一张图片"按钮,在打开的"打开"对话框中,选择"D:\素材\项目3\人物\人物1.jpg"文件,单击"打开"按钮,如图3-3-2所示。

步骤3:打开图片后,在右侧的"特效"面板的"热门"选项卡中选择"复古"选项,如图3-3-3所示。

步骤4:在"美化"面板中选择"基础"选项卡,然后拖动滑块调整"亮度""对比度""色彩饱和度""清晰度"等参数,如图3-3-4所示。

图 3-3-2 打开素材图片

图 3-3-3 设置"复古"特效　　　　图 3-3-4 调整亮度、清晰度等

步骤 5：在"美化"面板中选择"调色"选项卡，拖动滑块调整"色相""青－红""紫－绿""黄－蓝"等参数值，如图 3-3-5 所示。

步骤 6：美化完成后，在图片显示窗口中单击"对比"按钮，将同时显示美化前和美化后的图片效果，用户可根据对比图，确定美化是否满意，对比图如图

3-3-6所示。

图 3-3-5　调整色调

图 3-3-6　查看对比图

步骤7：确认美化效果满意后，单击工具栏中的"保存与分享"按钮，打开"保存与分享"对话框，确定图片的保存位置，单击"保存"按钮，完成图片的美化操作。

2. 人像美容

美图秀秀的人像美容功能非常实用，通过简单操作便可对人像进行瘦身和调整人物脸部肤色等，使照片上的人物更加自然、漂亮。下面对人物图像进行瘦脸处理，其具体操作步骤如下。

步骤 1：打开图片"D:\素材\项目 3\人物\人物 2.jpg"文件，选择"美容"选项卡，左侧面板将显示人像美容项目，如美形、美肤等，如图 3-3-7 所示。

图 3-3-7　美容界面

步骤 2：在"美容"选项卡中选择"智能美容"选项，在左侧的列表中选择"红润"选项，并在弹出的调节框中拖动滑块来调整红润比例值，如图 3-3-8 所示；选择"白皙"选项，在弹出的调节框中拖动滑块来调整白皙比例值，单击"应用"按钮，如图 3-3-9 所示。

步骤 3：在"美容"选项卡中选择"瘦脸瘦身"选项，打开"瘦脸瘦身"窗口，在"局部瘦身"选项卡中拖动滑块，放大显示图片，在右下角的缩略图中拖动选框，将显示出脸部的图形，打开"高级选项"下拉框，将瘦身力度设置为"12%"，然后将鼠标指标移动到图像的脸部，向内侧拖动鼠标，对脸部进行拉瘦处理，如图 3-3-10 所示。

步骤 4：完成瘦脸瘦身后，在图片显示窗口中单击"对比"按钮，查看对比效果，如图 3-3-11 所示，原来的圆脸调整成了红润、白皙的瓜子脸，然后单击"应用"按钮应用设置，最后保存图片。

项目 3　图像处理不求人

图 3-3-8　"红润"效果

图 3-3-9　"白皙"效果

图 3-3-10　瘦脸瘦身处理

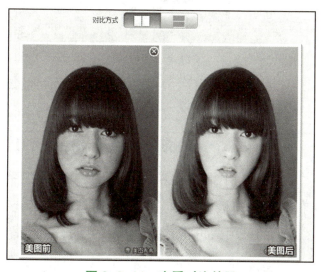

图 3-3-11　查看对比效果

【小提示】

如果对美容效果不满意,可单击"重新开始"按钮,还原图片,然后重新调整。单击"撤销"按钮则可撤销上一步操作,多次单击则撤销多次操作。

3. 照片装饰

为了让拍摄出来的照片绚丽多彩,可使用美图秀秀的添加照片装饰功能,为照片添加装饰,如添加饰品、文字和边框等,下面为人物照片添加照片装饰,其具体操作步骤如下。

步骤1:打开图片"D:\素材\项目3\人物\人物3.jpg"文件,选择"饰品"选项卡,在左侧面板中选择"炫彩水印"选项卡,在右侧素材面板中选择"在线素材"选项卡,在下方的饰品列表中选择如图3-3-12所示的选项,然后拖动到图片的合适位置,并在"素材编辑框"中设置"透明度""旋转角度""素材大小"等参数。

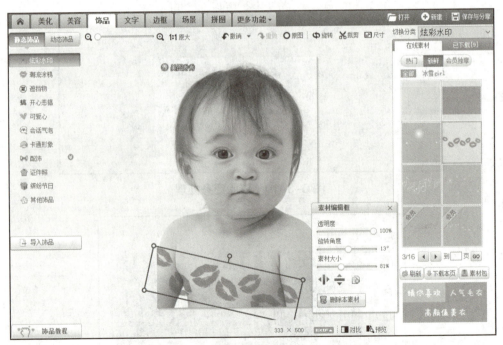

图3-3-12 添加饰品并调整饰品参数

步骤2:选择"文字"选项卡,在左侧面板的"输入文字"栏中选择"文字模板"选项卡,在右侧素材面板中选择"在线素材"选项卡,在下方的模板列表中选择如图3-3-13所示的选项,再将其拖动到图片的合适位置并设置其参数。

项目3 图像处理不求人

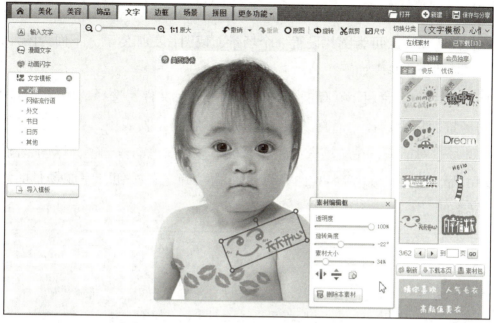

图 3-3-13 添加文字并调整文字参数

步骤 3：选择"边框"选项卡，进入"边框"操作界面，在右侧面板中选择"简单边框"选项卡，然后在边框列表中选择第一个边框样式，如图 3-3-14 所示。

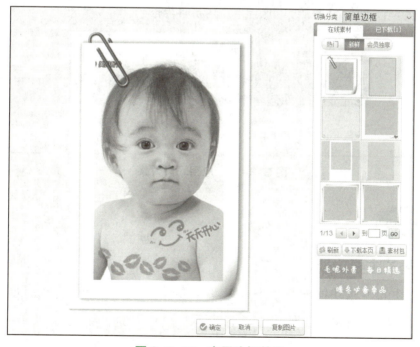

图 3-3-14 应用边框效果

步骤 4：单击"确定"按钮，保存所做的设置。

4. 场景设置

在美图秀秀中，可为图片设置一个场景，使图片更加生动。下面为图片设置场景，其具体操作步骤如下。

打开图片"D:\ 素材 \ 项目 3\ 人物 \ 人物 4.jpg"文件，选择"场景"选项卡，在右侧场景面板中选择"逼真场景"选项卡，在场景列表中选择第二个场景选项，打开场景对话框，在"场景调整"面板中移动白色图像选框，以调整图像在场景中的显示位置，如图 3-3-15 所示，单击"确定"按钮，完成场景的添加，最后保存图片。

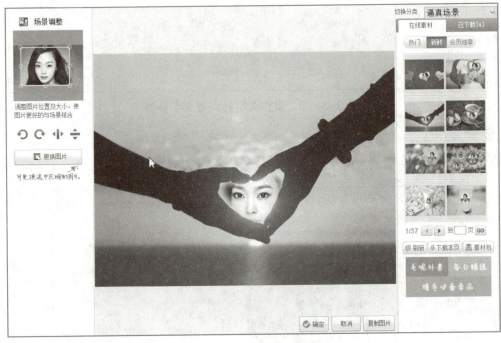

图 3-3-15　应用场景效果

相关知识

1. 美图秀秀的主要功能

美图秀秀的主要功能包括美化、美容、饰品、文字、边框、场景、拼图、九格切图、摇头娃娃和闪图，如表 3-3-1 所示。

表 3-3-1 美图秀秀的主要功能

功能	说明	功能	说明
美化	对图片进行基础色调处理	场景	海量以假乱真，可爱场景
美容	对照片进行脸部美容处理	拼图	将多张照片进行自由组合
饰品	添加各种可爱饰品	九格切图	把一张照片切割成 9 张，通过不规则的组合组成大图
文字	添加文字、漫画气泡、文字模板	摇头娃娃	制作有趣的摇头娃娃
边框	为图片添加各种边框	闪图	超炫的动感闪图

2. 特色功能

美图秀秀是目前比较流行的图片软件之一，可以轻松地美化数码照片，其界面直观，操作简单，功能强大全面，且易学易用，每个人都能轻松上手。

（1）人像美容。独有的磨皮祛痘、瘦脸、瘦身、美白、眼睛放大等强大的美容功能，让用户轻松拥有天使般的面容。

（2）图片特效。拥有时下最热门、最流行的图片特效，不同特效的叠加令图片个性十足。

（3）拼图功能。自由拼图、模板拼图、图片拼接 3 种经典拼图模式，多张图片一次晒出来。

（4）动感 DIY。轻松几步制作出个性 GIF 动态图片、搞怪 QQ 表情，各种精彩瞬间动起来。

（5）分享渠道。一键将美图分享至腾讯 QQ、新浪微博。

拓展知识

美图秀秀还具有拼图功能，有自由拼图、模板拼图、海报拼图、图片拼接等 4 种形式。同时具有批量处理功能，可以批量旋转、修改尺寸；批量调色、添加特效和边框，一次美化 N 张图片；批量添加水印、文字。

拼图和批量处理功能与光影魔术手的操作类似。

拓展任务

1. 使用美图秀秀批量处理多张素材图片，包括调整曝光度、添加水印、文字、边框。

2. 使用美图秀秀进行拼图。

3. 人物照片往往不能尽如人意，会有一些瑕疵，有的人脸上的青春痘特别明显，用美图秀秀软件进行祛痘美化。

做一做

1. 利用手中的相机为同学拍照，并使用美图秀秀工具软件进行美化，包括添加特效、皮肤美白、祛痘等美容操作。

2. 制作 DIY 动图。利用美图秀秀可自定义动图效果。

3. 分享美图。通过美图秀秀美化人物照片后，将其分享到 QQ 空间等网络平台中。

使用美图秀秀祛痘

任务4　文件格式变个脸——格式工厂

格式工厂（Format Factory）是一款能够对图形、图像、音频、视频等文件进行格式转换的软件，致力于帮助用户更好地解决文件使用过程中的格式问题。

任务分析

在学习、工作和生活中，人们经常会有对图形、图像、音频、视频等文件进行格式转换的需求。例如，将格式为 BMP 的图像文件转换为 JPG 格式，把格式为 AVI 的视频文件转换为 MP4 格式等，这些文件的格式转换问题可以由格式工厂轻松解决。

任务实施

1. 查看和更改输出文件夹的位置

所谓输出文件夹，就是使用格式工厂进行格式转换之后，生成的新文件所在的位置。

使用格式工厂转换文件格式

步骤 1：启动格式工厂，进入其主界面，如图 3-4-1 所示。

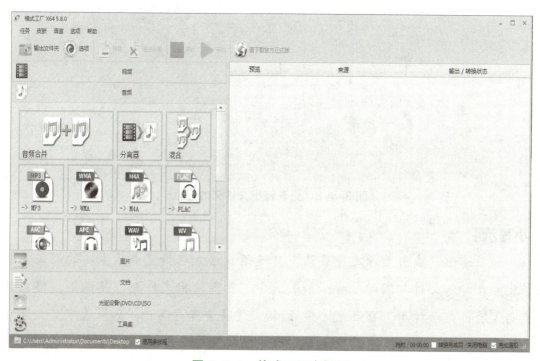

图 3-4-1　格式工厂主界面

步骤 2：单击主界面中的"输出文件夹"按钮，即可看到格式转换完成之后新文件存放的位置。

步骤 3：如果不想将新文件存放至默认位置，可以对输出文件夹位置进行个性化设置。单击主界面中的"选项"按钮，弹出如图 3-4-2 所示的对话框。单击"改变"按钮，即可根据实际需要设置输出文件夹新的位置。

图 3-4-2　更改输出文件夹的位置

【小提示】

如果选中"输出至源文件目录"复选框，格式转换完成后生成的新文件将会放置在与源文件相同的位置；如果选中"打开输出文件夹"复选框，格式转换完成后将自动打开"输出文件夹"，新文件将会保存其中；如果选中"关闭电脑"复选框，格式转换完成后会将关闭计算机。

2. 图像格式转换

使用格式工厂能够方便快捷地对图像文件进行格式转换，以将"沙滩.bmp"文件转换为"沙滩.jpg"文件为例，具体操作如下。

步骤 1：启动格式工厂进入主界面后，通过"选项"按钮设置"输出文件夹"为"输出至源文件目录"，如图 3-4-3 所示。

步骤 2：在主界面的左侧单击"图片"按钮，如图 3-4-4 所示。

步骤 3：选择 JPG 格式，如图 3-4-5 所示。

步骤 4：单击"添加文件"按钮，如图 3-4-6 所示。

步骤 5：在弹出的对话框中选择需要进行格式转换的图像文件"沙滩.bmp"，单击"打开"按钮，如图 3-4-7 所示。

项目 3　图像处理不求人

图 3-4-3　输出至源文件目录

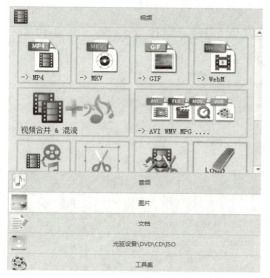

图 3-4-4　"图片"按钮

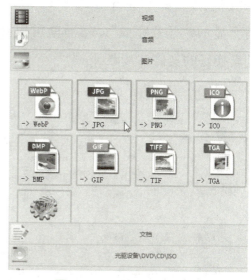

图 3-4-5　选择 JPG 格式

图 3-4-6　"添加文件"按钮

67

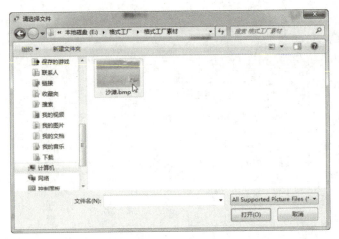

图 3-4-7　选择文件

步骤 6：在弹出的窗口中单击"确定"按钮，返回至格式工厂主界面，单击"开始"按钮即可进行格式转换，如图 3-4-8 所示。转换完成后，主界面的右下角会显示"任务完成"，然后就可以在已经设置好的"输出文件夹"所在位置找到转换好的文件"沙滩 .jpg"。

图 3-4-8　文件格式转换

相关知识

格式工厂除了可以进行图形、图像、音频、视频文件的格式转换，还具有一些其他的常用功能：

（1）PDF 文件的合并、压缩、加密、解密。

（2）图片、Docx 文件转换为 PDF 文件。

（3）PDF 文件转换为 Text、Docx、Excel、图片文件。

（4）音乐 CD 转换为音频文件、DVD 转换为视频文件。

（5）音频文件的合并、分离。

（6）视频文件的合并、分离、画面裁剪、去除水印、导出帧图像；

拓展知识

格式工厂支持几乎所有图形、图像、音频、视频文件的格式转换。

音频、视频文件与图像文件格式转换的方式是一样的，都要经过查看或设置输出文件夹、选择需要转换成的格式、添加需要转换的文件、单击"开始"按钮进行格式转换等操作步骤。

拓展任务

步骤 1：启动格式工厂，设置输出文件夹。

步骤 2：在主界面的左侧单击"音频"按钮，选择 WAV 格式，添加音频文件"童年 .mp3"，"确定"之后返回至格式工厂主界面，如图 3-4-9 所示。

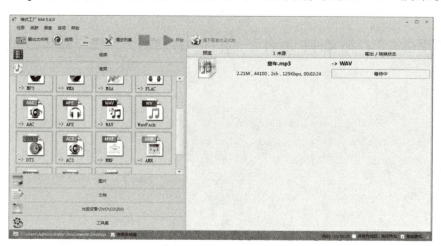

图 3-4-9　添加音频文件

步骤 3：在主界面的左侧单击"视频"按钮，选择 MP4 格式，添加视频文件"夏日海滩 .avi"，"确定"之后返回至格式工厂主界面，如图 3-4-10 所示。

步骤 4：按住 Ctrl 键同时选中两个待转换格式的文件，单击"开始"按钮即可进行格式转换。转换完成后，主界面的右下角会显示"任务完成"，然后就可以在已经设置好的"输出文件夹"所在位置找到转换好格式的文件。

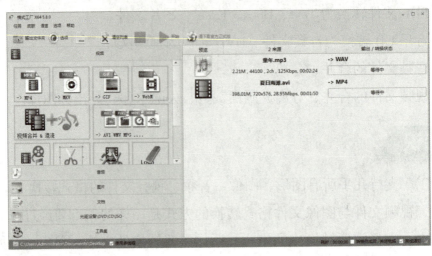

图 3-4-10　添加视频文件

做一做

1. 使用格式工厂把文件扩展名为 .wma 的音频文件转换为文件扩展名为 .mp3 的文件。

2. 使用格式工厂把文件扩展名为 .mp4 的视频文件转换为文件扩展名为 .avi 的文件。

3. 使用格式工厂把文件扩展名为 .pdf 的文件转换为扩展名为 .docx 的文件。

项目 4

娱乐视听一点通

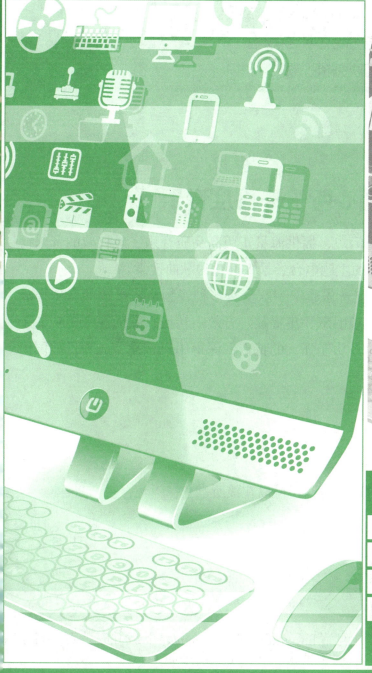

- 天籁之音随心听——百度音乐
- 降噪变声我都行——Adobe Audition
- 五彩缤纷看视频——爱奇艺
- 妙手剪出新电影——剪映

计算机强大的多媒体功能，使人们的生活变得更加丰富多彩。在工作之余，用计算机欣赏音乐或者观看影视作品的确是一件十分惬意的事情。喜欢制作、合成、剪辑视频的用户可以对音频和视频进行编辑。本项目将介绍与媒体播放和编辑相关的一些软件使用方法。

> **能力目标**
> 1. 会使用百度音乐播放网络音频、视频。
> 2. 熟练使用 Audition 编辑音频。
> 3. 会使用爱奇艺观看网络视频。
> 4. 熟练使用剪映编辑视频。

任务1　天籁之音随心听——百度音乐

百度音乐是中国第一音乐门户，提供海量正版高品质音乐、最权威的音乐榜单、最快的新歌速递、最契合的主题电台、最人性化的歌曲搜索。

百度音乐 PC 客户端是百度音乐旗下一款支持多种音频格式播放的音乐播放软件，拥有自主研发的全新音频引擎，集播放、音效、转换、歌词等众多功能于一身，其小巧精致、操作简捷、功能强大的特点，深得用户喜爱，成为目前国内最受欢迎的音乐播放软件之一。

任务分析

百度音乐不仅可以播放本地歌曲，还可以在线听歌。

任务实施

1. 播放本地音乐

步骤1： 打开百度音乐官方网站 http://music.baidu.com/，下载并安装百度音乐客户端，如图 4-1-1 所示。

图 4-1-1 百度音乐主界面

步骤 2：单击左侧"我的音乐"栏中的"本地音乐"图标，选择"导入歌曲"→"导入本地文件夹"选项，如图 4-1-2 所示。

图 4-1-2 "本地音乐"界面

步骤 3：选择要导入的文件夹，单击"确定"按钮，文件夹中的文件被导入，如图 4-1-3 所示。

图 4-1-3 "本地音乐"导入

步骤 4：选择要播放的歌曲，单击"播放"按钮，开始播放歌曲，如图 4-1-4 所示，也可以单击"播放全部"按钮进行播放。

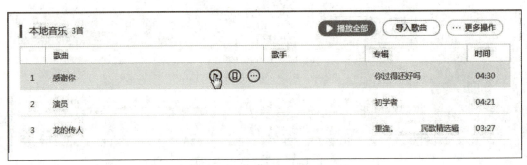

图 4-1-4 "本地音乐"列表

2. 播放在线音乐

步骤 1：打开百度音乐客户端。单击左侧"在线音乐"栏中的"音乐库"图标，在正上方的搜索栏中输入"×××"，单击"搜索"按钮，如图 4-1-5 所示。

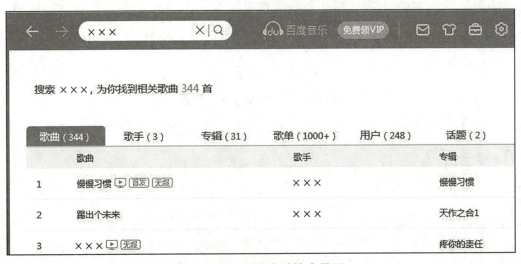

图 4-1-5 百度音乐搜索界面

步骤2：找到自己需要的歌曲"慢慢习惯"，单击"播放"按钮，可以在线听音乐。

3. 播放在线 MV

步骤1：打开百度音乐客户端。单击左侧"在线音乐"栏中的"音乐视频"图标，如图 4-1-6 所示。

图 4-1-6 "音乐视频"界面

步骤2：找到自己喜欢的视频《中国范儿》，单击"播放"按钮，如图 4-1-7 所示。

图 4-1-7 《中国范儿》播放界面

4. 试听歌曲《小苹果》并下载

试听歌曲并下载

步骤 1：打开百度音乐客户端，在上方搜索栏输入歌曲名"小苹果"，如图 4-1-8 所示，选择歌曲，单击"播放"按钮，试听歌曲。

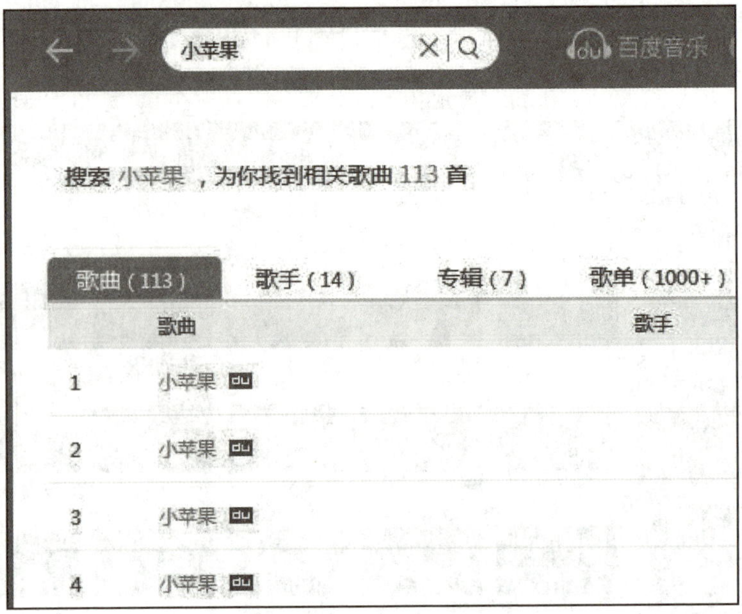

图 4-1-8　搜索界面

步骤 2：单击左侧"我的音乐"栏中的"试听列表"图标，这时列表中出现试听歌曲《小苹果》，右击歌曲《小苹果》，弹出快捷菜单，如图 4-1-9 所示。

图 4-1-9　"试听列表"界面

步骤 3：在快捷菜单中选择"下载"选项，弹出如图 4-1-10 所示的对话框，单击"立即下载"按钮，即可下载歌曲。

图 4-1-10 "下载歌曲"对话框

步骤 4：单击左侧"我的音乐"栏中的"歌曲下载"图标，即可在下载列表中找到下载的歌曲，如图 4-1-11 所示。

图 4-1-11 "歌曲下载"界面

5. 自建歌单，并导入歌曲

步骤 1：打开百度音乐客户端，单击"自建歌单"右侧的 +，创建"自建歌单 1"，如图 4-1-12 所示。

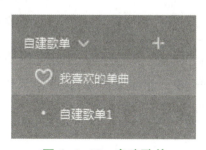

图 4-1-12 自建歌单

步骤 2：选择"自建歌单 1"选项，在弹出的"自建歌单 1"对话框中，选择"导入歌曲"菜单中的"导入本地文件夹"选项，如图 4-1-13 所示。

图 4-1-13 "导入歌曲"菜单

步骤 3：选择要导入的文件夹，单击"确定"按钮，文件夹中的歌曲导入到"自建歌单 1"中，如图 4-1-14 所示。

图 4-1-14 自建歌单界面

相关知识

1. 音乐搜索服务

在全球 500 家唱片公司提供的超过 300 万首音乐资源的支持下，百度音乐用户搜索天下音乐变得易如反掌。曲库对质量最优音乐资源优先呈现，为用户提供最佳音乐搜索结果。

2. 在线听歌服务

百度音乐为用户提供直接、丰富、极具冲击力的在线音乐内容。"我的音乐"播放器不仅满足用户在线听歌需求，云端收藏功能更为用户提供了专属音乐服务。

百度音乐为用户提供强大的音乐媒体内容，其中包括独家首发专辑、全新歌曲、各类权威音乐榜单、热点音乐专题等，为用户提供实时、权威的音乐内容推荐。

百度音乐以音乐人物及作品特点为核心诉求，展开全新的营销推广模式，让音乐人及作品有更多听众的喜好，在更广阔的范围获得更高的知名度，提升商业价值。

拓展知识

现在的音乐播放器很多，主流的音乐播放器除了百度音乐，还有 QQ 音乐、酷狗音乐、酷我音乐、多米音乐等，用户可根据自己的喜好进行选择。

拓展任务

下载 QQ 音乐播放器并安装，搜索两首喜欢的歌曲试听并下载。

做一做

1. 搜索 3 首歌曲，下载至桌面，并添加到本地音乐。
2. 试听王菲的歌曲《无问西东》，并下载。
3. 下载刘德华的歌曲《踢出个未来》。
4. 自建歌单 2，将歌曲《无问西东》《踢出个未来》添加到自建歌单 2。
5. 下载 3 首自己喜欢的歌曲，并添加到自建歌单 3。

任务2　降噪变声我都行——Adobe Audition

Adobe Audition 是一款可以编辑声音的专业软件，原名为 Cool Edit Pro，后被 Adobe 公司收购后，改名为 Adobe Audition。

Adobe Audition CS6 功能较为强大，专为在照相室、广播和后期制作方面工作的音频和视频专业人员设计，可提供先进的音频混合、编辑、控制和效果处理功能。

任务分析

Adobe Audition CS6 可以为朗诵添加背景音乐、为歌曲添加伴奏、可以制作音乐串烧、可以制作多角色配音效果、可以自己录歌、制作手机铃声等。

任务实施

1. 为古诗朗诵添加背景音乐

步骤 1：启动 Adobe Audition CS6，选择"文件"→"新建"→"多轨混音项目"选项，如图 4-2-1 所示。弹出"新建多轨混音"对话框，设置混音项目的名称、位置、采样率选项，单击"确定"按钮。

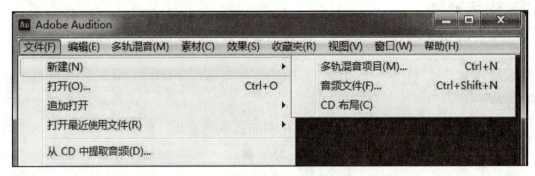

图 4-2-1　新建"多轨混音"

步骤 2：选择"文件"→"导入"→"文件"选项，如图 4-2-2 所示。弹出"导入"对话框，选择 D:\素材\项目4\论语十二篇.mp3 文件，单击"打开"按钮。同样的方法导入"音乐.mp3"文件。

步骤 3：选中文件选区的"论语十二篇.mp3"，拖到中间编辑区轨道1，拖动时会出现一个竖直的黄色标记，黄色标记对齐第一轨道的开端，松开鼠标左键，轨道1就出现了"论语十二篇.mp3"的波形显示。同样将"音乐.mp3"文件拖到轨道2，如图 4-2-3 所示。

项目4 娱乐视听一点通

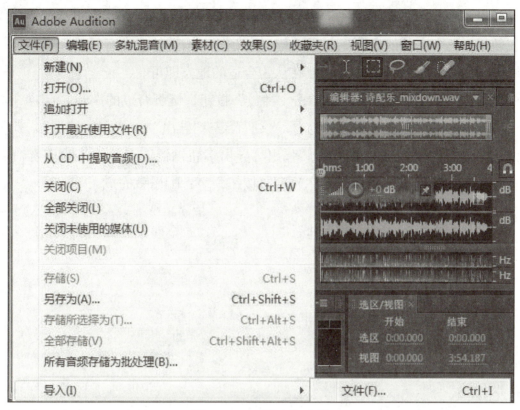

图 4-2-2 "导入"文件

图 4-2-3 音频插入轨道

步骤 4：如果纯音乐太短，录制好的音乐文件太长；可以多次拖曳纯音乐文件，放在轨道 2 已有文件的后面。如果希望录制好的音乐文件在纯音乐响起后再出现，可以向后面拖曳轨道 1 的文件，放在认为合适的地方即可。

步骤 5：声音合成后，可以单击"播放"按钮，试听合成的声音。

步骤 6：保存合成的声音。选择"文件"→"导出"→"多轨缩混"→"完整混音"选项，如图 4-2-4 所示。弹出"导出多轨缩混"对话框，为声音命名，选择路径和文件格式，然后单击"确定"按钮，声音配乐就完成了。

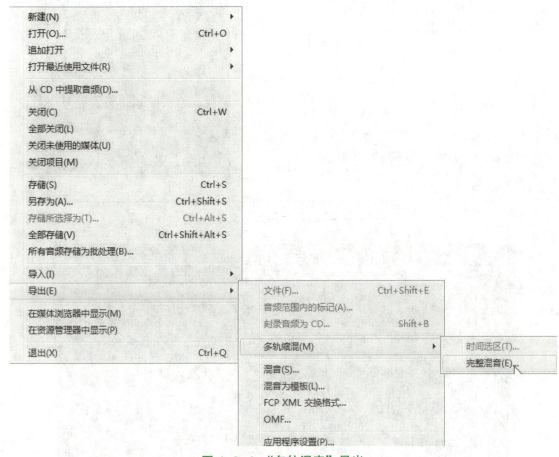

图 4-2-4 "多轨混音"导出

【小提示】

制作配乐朗诵时，轨道 1 中的"论语十二篇 .mp3"和轨道 2 中的"音乐 .mp3"是同时播放的，所以需要在轨道中上下对齐，保证两个音频同时开始并同时结束。

2. 制作歌曲伴奏

步骤1：导入"D:\素材\项目4\感谢你－赵传.mp3"文件，并双击打开，如图4-2-5所示。

制作歌曲伴奏

图4-2-5 打开素材

步骤2：使用选框工具，选中有人声的波形图，如图4-2-6所示。

步骤3：选择"效果"→"立体声声像"→"中置声道提取"选项，弹出如图4-2-7所示的对话框。

步骤4：根据试听选择合适的参数。"预设"为"人声移除"，"频率范围"根据实际选择"男声"或"女声"，"中置声道电平"下的滑块可上下调节。单击该对话框中的"播放"按钮收听效果，如果不满意，可多次重复本步骤中的操作，直到满意为止。

步骤5：选择"文件"→"导出"选项，弹出如图4-2-8所示的"导出文件"对话框，输入文件名、选择导出位置，单击"确定"按钮即可。

图 4-2-6　选择人声波形图

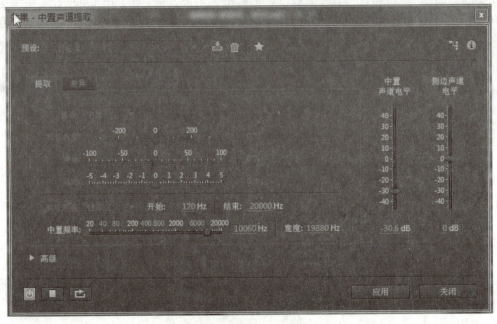

图 4-2-7　"中置声道提取"对话框

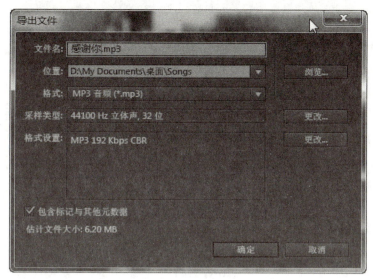

图 4-2-8 "导出文件"对话框

3. 给《小马过河》制作多角色配音效果

步骤1： 启动 Adobe Audition CS6，选择"编辑"→"首选项"→"音频硬件"选项，弹出"首选项"对话框，在"音频硬件"选项卡中设置"默认输入"为"麦克风"，"采样率"一般为 44100Hz，其他各项保持默认值，如图 4-2-9 所示，单击"确定"按钮。

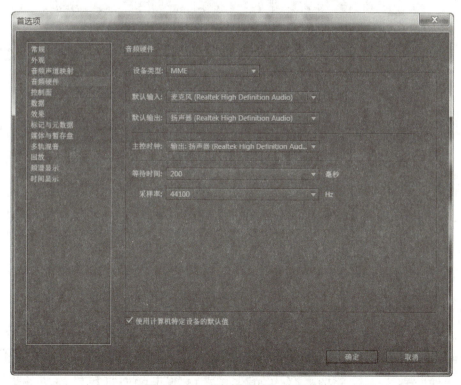

图 4-2-9 "音频硬件"选项卡

步骤 2：新建音频文件"小马过河"，如图 4-2-10 所示。

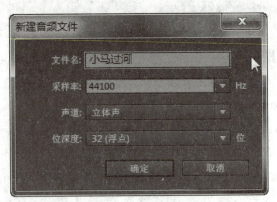

图 4-2-10 新建音频文件

步骤 3：单击"录音"按钮，完成录音，如图 4-2-11 所示。

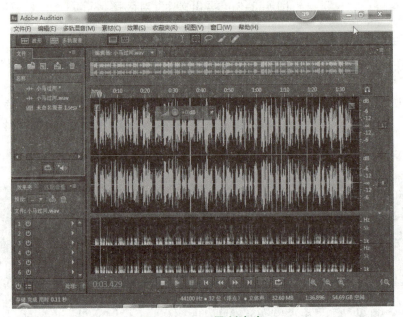

图 4-2-11 录制声音

步骤 4：调节音量。选择"效果"→"振幅与压限"→"标准化"选项，弹出如图 4-2-12 所示的对话框，保持默认值即可，此时波形振幅变大，声音的音量增大到合适的值。

步骤 5：降噪。选择一小段噪声，选择"效果"→"降噪/恢复"→"捕捉噪声样本"选项，如图 4-2-13 所示。全选波形，选择"效果"→"降噪/恢复"→"降噪"选项，弹出如图 4-2-14 所示的"降噪"对话框，完成降噪操作。

步骤 6：改变音调。选择小马的声音波形，选择"效果"→"时间与变调"→"伸缩与变调"选项，弹出如图 4-2-15 所示的对话框，修改伸缩与变调的数值,设置成小男孩的声音。

图 4-2-12 "标准化"对话框

图 4-2-13 降噪取样

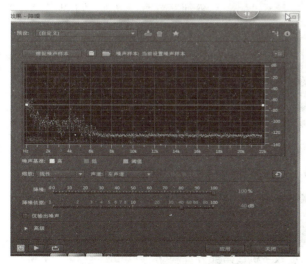

图 4-2-14 "降噪"对话框

图 4-2-15 伸缩与变调

步骤7：选择老牛的声音波形，同样修改伸缩与变调的数值，设置成老爷爷的声音。

步骤8：选择小松鼠声音的波形，同样修改伸缩与变调的数值，设置成小女孩的声音。

步骤9：保存并导出文件。

4. 手机铃声的制作

步骤1：新建多轨混音项目文件"手机铃声制作"。

步骤2：导入"D:\素材\项目4\小城故事.mp3"文件。将文件"小城故事.mp3"拖到音频轨道1。

步骤3：选择要制作铃声的部分，选择剃刀工具，将手机铃声部分分离出，如图4-2-16所示。

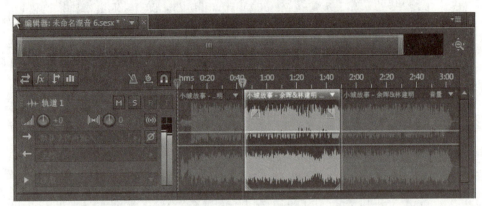

图4-2-16 分离手机铃声

步骤4：删除左右不需要的部分，将需要的音频拖到音轨最左处，如图4-2-17所示。

图4-2-17 提取手机铃声部分

步骤 5： 制作淡入淡出效果。音频两端各有淡入、淡出小曲线设置，按住鼠标左键调试曲线，制作淡入、淡出效果，如图4-2-18所示。

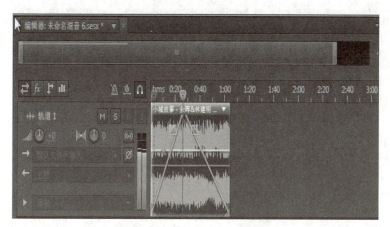

图 4-2-18　淡入淡出设置

步骤 6： 选择"文件"→"导出"→"多轨混缩"→"完整混缩"选项，弹出对话框，保存在计算机中，然后再导入手机即可。

【小提示】

　　删除不需要的音频时，首先使用工具箱中的移动工具选中音频部分，然后选择"编辑"→"删除"选项即可。

相关知识

1. 操作界面组成

Adobe Audition CS6的操作界面由标题栏、菜单栏、工具栏、编辑器窗口、面板组成，如图4-2-19所示。

2. 面板介绍

除了"编辑器"窗口，Adobe Audition CS6有10个面板，分别为"文件"面板、"媒体浏览器"面板、"效果夹"面板、"标记"面板、"属性"面板、"历史"面板、"视频"面板、"电平"面板、"选区/视图"面板、"混音器"面板。如果不小心将某个面板关掉，可以打开【窗口】菜单，在其中找到相应面板。

另外，如果不小心将各个面板调整了位置，可以选择"窗口"→"工作区"→"重置'默认'"即可恢复默认的界面状态。

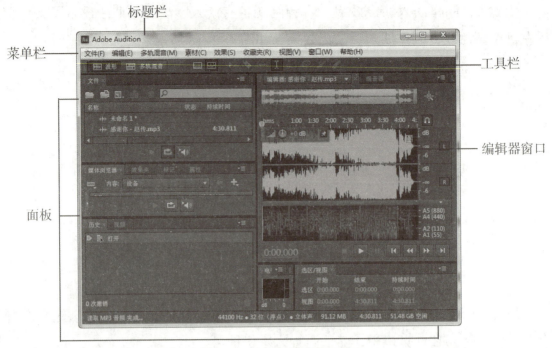

图 4-2-19 操作界面组成

做一做

1. 录入一首诗,并配上背景音乐。
2. 录入一段演讲稿,并配上背景音乐。
3. 制作一段音乐串烧。
4. 录入一个寓言故事,并分角色配音。
5. 制作一首歌曲。

任务3　五彩缤纷看视频——爱奇艺

暴风影音播放器必须经过下载、安装到计算机才能够观看视频,本任务将介绍如何使用爱奇艺直接观看网络视频。

任务分析

爱奇艺(http://www.iqiyi.com)是全球领先的提供网络视频服务的大型网站,

内容丰富，涵盖电影、电视剧、综艺、动漫、生活、体育、音乐等多方面内容，以其视频数量大、种类多、质量高的特点赢得了广大视频爱好者的喜爱。

任务实施

使用爱奇艺可以根据需要观看网络视频，当然，也可以下载爱奇艺客户端进行观看，本任务仅针对网络视频的观看。

步骤 1：打开浏览器，输入网址"http://www.iqiyi.com"，进入爱奇艺网站的首页，如图 4-3-1 所示。

使用爱奇艺观看网络视频

图 4-3-1 爱奇艺网站首页

步骤 2：首页的右上角有若干选项，单击页面右上方的"下载客户端"链接即可下载爱奇艺客户端，如图 4-3-2 所示，方法与其他软件下载相同。

步骤 3：首页的中间位置有视频的分类选项，用户可根据需要进行选择，例如，选择"电影"选项，如图 4-3-3 所示，打开电影页面，包括电影首页、网络电影、预告片、电影节目四大选项，如图 4-3-4 所示。

图 4-3-2　爱奇艺客户端下载

图 4-3-3　"电影"选项

图 4-3-4　电影页面

步骤 4：在"电影首页"页面，各个影片的左上角或右上角可能会出现"独播""付费""VIP"等字样，如图 4-3-5 所示。"独播"表示该影片只有在爱奇艺网站才能看到；"付费"表示需要付费后才能够进行观看，会员和非会员是不一样的价格（会员可在网站首页上注册并登录）；"VIP"表示需要开通 VIP 会员才能够进行观看（VIP 会员可在网站首页上开通）。网站上的其他页面也是如此。

图 4-3-5 电影上面的不同字样

【小提示】

如果是"付费"电影，播放后左下角会出现"试看 6 分钟，因版权限制，观看完整版请购买本片"字样，单击"购买本片"按钮，付费之后可观看；如果是"VIP"电影，播放后左下角会出现"试看 6 分钟，观看完整版请开通 VIP 会员"字样，单击"开通 VIP 会员"按钮，开通之后即可观看。

步骤 5：单击页面上方的"导航"按钮可以选择跳转到其他页面，如图 4-3-6 所示。

图 4-3-6 跳转到其他页面

步骤 6： 单击页面上方的"爱奇艺"标志能够跳转到网站首页，如图 4-3-7 所示。

图 4-3-7 跳转到网站首页

步骤 7： 在网站首页可以搜索想要观看的视频，例如，输入"致我们终将逝去的青春"，单击右侧的"搜全网"按钮，如图 4-3-8 所示，即可打开相应页面，播放观看即可。若需要下载该视频，则可以在播放页面单击"下载"按钮，当然，需要先下载安装爱奇艺的客户端。

图 4-3-8 搜索视频

相关知识

在爱奇艺网站首页，除了上述"登录""注册""开通 VIP""下载客户端"，右上方还有"上传""消息""播放记录"3 个选项。"上传"功能需要注册会员并登录才能使用，包括上传视频、制作视频、我的空间、视频管理、流量分析；"消息"分为 3 类，更新提醒、系统推荐、用户通知。其中，"用户通知"功能需要注册会员并登录才能使用；"播放记录"功能可以记录曾经观看过视频的痕迹，如果想获得更加准确的记录需要注册会员并登录。

拓展知识

网络视频网站除了爱奇艺，还有土豆网、优酷网、百度视频、酷 6 网、腾讯视频、芒果 TV、乐视网、网易视频等，可根据自己的喜好进行选择。

拓展任务

打开优酷网，在该网站上搜索最想观看的视频并进行播放和下载。

操作提示：打开网站首页，在搜索框中搜索到视频，单击"播放"和"下载"按钮，下载视频前可能会需要先下载相应客户端。

做一做

1. 使用爱奇艺搜索"奔跑吧兄弟第 5 季第 9 期"并进行观看。
2. 使用爱奇艺下载"中国诗词大会第 2 季总决赛"的视频。

任务4　妙手剪出新电影——剪映

喜欢录制视频的用户可以使用智能手机、数码相机、录像机等设备进行录制，喜欢观看视频的用户可以通过视频播放软件、视频网站进行观看，喜欢制作、合成、剪辑视频的用户该怎么办呢？此时，视频编辑软件可以大显身手。

任务分析

视频编辑软件有很多，如 Adobe Premiere、会声会影、爱剪辑、剪映等，它们都可以帮助用户根据需求对视频进行编辑和修改。剪映是抖音官方推出的一款视频编辑软件，带有全面的剪辑功能。该软件支持手机移动端、Pad 端、Mac 计算机、Windows 计算机终端的使用。本任务以 Windows 计算机终端剪映专业版为例，介绍其常用功能。

任务实施

使用剪映编辑视频

1. 导入视频素材

步骤 1：启动剪映，单击"开始创作"按钮，进入其主界面，如图 4-4-1 所示。

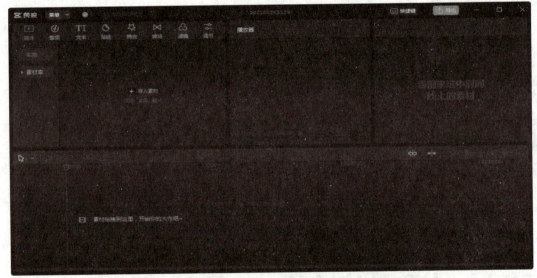

图 4-4-1 主界面

步骤 2：单击主界面中的"导入素材"按钮，在弹出的对话框中选择需要进行编辑的视频文件"夏日海滩.avi"，然后单击"打开"按钮，如图 4-4-2 所示，该文件作为素材导入至素材库中。

项目 4　娱乐视听一点通

图 4-4-2　导入素材

步骤 3：将素材库中的素材"夏日海滩.avi"拖放至如图 4-4-3 所示的"素材拖曳到这里，开始你的大作吧"区域，进入视频编辑状态。

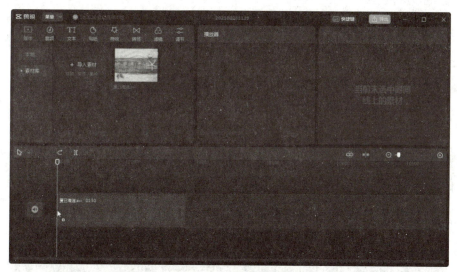

图 4-4-3　拖放素材

步骤 4：在操作区域边界上单击，鼠标指针变为箭头，上下拖动鼠标可对操作界面进行纵向布局的调整。将界面调整至如图 4-4-4 所示，方便对视频进行编辑。单击"播放器"面板中的"播放"按钮，视频开始从头播放，播放指针也会随之向后移动；单击"暂停"按钮，视频停止播放，播放指针停止移动。

【小提示】

播放指针所在的位置就是即将对视频进行编辑的位置。也就是说，如果需要对视频的哪个部分进行编辑，首先需要将播放指针放置于该位置。

97

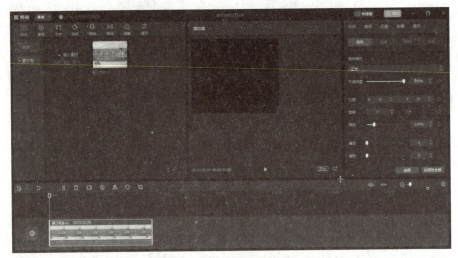

图 4-4-4　调整后的界面

2. 视频的基本编辑

视频常用的基本编辑操作包括分割、删除、定格、倒放、镜像、旋转、裁剪等。在主界面中，可通过单击某一按钮完成相应操作，如图 4-4-5 所示。

图 4-4-5　视频基本编辑常用按钮

步骤 1：保持播放指针在视频的开始位置（00:00:00:00），单击"定格"按钮，即可将视频的第一帧画面定格 3 秒钟，增加至该视频画面之前，整个视频文件的长度也会随之增加 3 秒钟，如图 4-4-6 所示。

图 4-4-6　定格效果

步骤2：将播放指针放置在视频20秒29帧（00:00:20:29）的位置，单击"分割"按钮，即可在该位置分割视频，如图4-4-7所示。

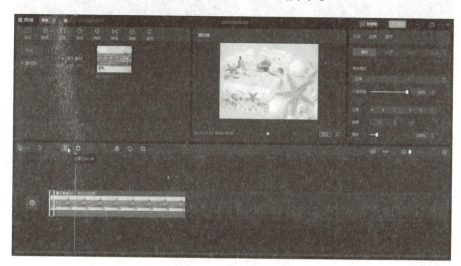

图4-4-7 分割效果

步骤3：再次使用"分割"按钮在视频33秒26帧（00:00:33:26）的位置分割，如图4-4-8所示。

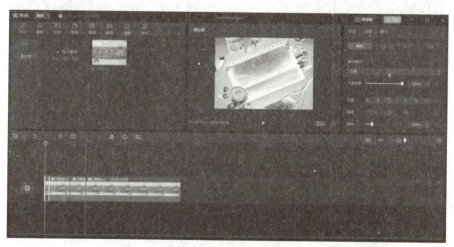

图4-4-8 分割最终效果

步骤4：整段视频共包括4个部分。使用鼠标选中第一段，单击"删除"按钮，即可将该部分删除，此时，视频剩余3个部分，如图4-4-9所示。

步骤5：选中3段视频中的第一段，单击"镜像"按钮，即可产生镜像效果，如图4-4-10所示。

步骤6：选中3段视频中的第一段，单击"裁剪"按钮，在弹出的窗口中根据需要对画面进行裁剪，如图4-4-11所示。单击"确定"按钮，第一段视频中包含的所有画面被裁剪。

图 4-4-9　删除效果

图 4-4-10　镜像效果

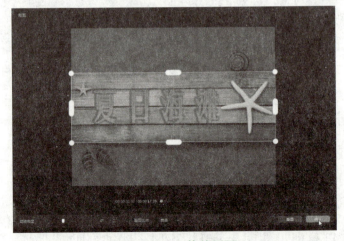

图 4-4-11　裁剪画面

步骤7：选中3段视频中的第二段，单击"倒放"按钮，该段视频中的所有画面就会倒序播放，如图4-4-12所示。

图4-4-12　倒序播放

步骤8：选中3段视频中的第三段，单击"旋转"按钮，每单击一次，该段视频中的所有画面就会顺时针旋转90°，如图4-4-13所示。

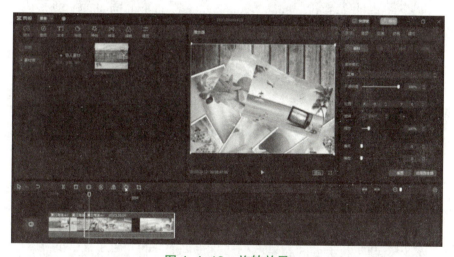

图4-4-13　旋转效果

3. 视频中的声音处理

步骤1：将3段视频全部删除，再次拖放素材库中的素材"夏日海滩.avi"，进入视频编辑状态，如图4-4-14所示。

步骤2：选中视频并右击，在弹出的快捷菜单中选择"分离音频"选项，如图4-4-15所示，即可将视频中的声音分离出来，效果如图4-4-16所示。

步骤3：选中分离出来的音频，单击"删除"按钮，即可将其去除，如图4-4-17所示。

图 4-4-14 导入视频素材

图 4-4-15 分离音频

图 4-4-16 分离音频效果

图 4-4-17 删除音频

步骤 4：单击"导入素材"按钮，导入音频文件"平凡之路 .avi"，如图 4-4-18 所示。拖放该音频至已去除声音的视频下方，使视频和音频的开始位置对齐，如图 4-4-19 所示。

图 4-4-18 导入音频素材

步骤 5：选中音频素材，在 1 分 50 秒（00:01:50:00）的位置进行音频的分割，如图 4-4-20 所示，此时整个音频被分割为两个部分。选中后面一段，单击"删除"按钮，如图 4-4-21 所示。至此，将原来视频中的声音更换为新的音频文件。

步骤 6：选中音频素材，在主界面右上角"音频"设置区域的"基本"选项卡中通过拖动"音量"滑块改变音频声音的大小，如图 4-4-22 所示。

图 4-4-19 拖放音频素材

图 4-4-20 分割音频

图 4-4-21 删除音频

【小提示】

"音频"设置区域的"基本"选项卡中除了可以调整音量,还可以设置淡入淡出、降噪、变声等效果。

图 4-4-22　改变音频音量

4. 视频中的字幕添加

步骤 1：将播放指针放置在视频 1 分 13 秒 28 帧（00:01:13:28）的位置，单击主界面左上角的"文本"按钮，选择"新建文本"中的"花字"，根据实际需要选择"花字"样式，例如，选择第一种样式，经过一段时间后下载成功，如图 4-4-23 所示。将其拖放至视频素材上方播放指针所在位置，如图 4-4-24 所示。

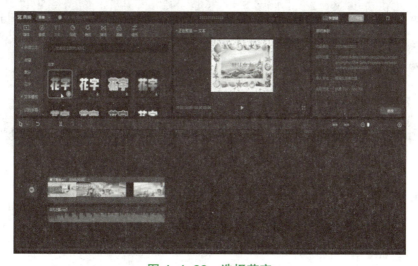

图 4-4-23　选择花字

步骤 2：选中"花字"素材，在主界面右上角"编辑"设置区域的"文本"选项卡中输入"大海的味道"，如图 4-4-25 所示。在"播放器"区域拖动文本能够改变其在视频画面中的位置。

图 4-4-24　添加花字

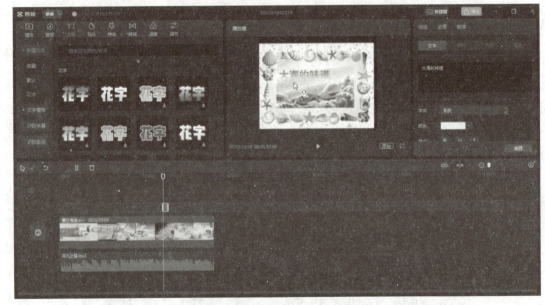

图 4-4-25　改变花字内容

【小提示】

"编辑"设置区域的"文本"选项卡中除了可以改变文本内容，还可以对文本进行格式设置，如加粗、倾斜、添加下划线，更改文本颜色、大小、位置等。

5. 视频中的转场添加

将播放指针放置在视频 1 分 2 秒（00:01:02:00）的位置，单击"分割"按钮将视频分割为两个部分。单击主界面左上角的"转场"按钮，根据实际需要选择

"转场"样式,例如,选择"模糊"选项,经过一段时间后下载成功,将其拖放至两段视频之间即可,如图4-4-26所示。

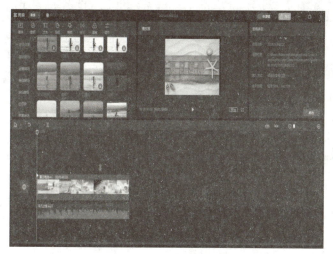

图 4-4-26 添加"模糊"转场

6. 视频作品导出

视频作品完成后,单击主界面右上角的"导出"按钮,在弹出的对话框中设置"作品名称"和"导出至"的位置,其他选项可根据需要进行选择。设置完成后,单击"导出"按钮,即可将视频作品导出至设置好的位置,如图4-4-27所示。

图 4-4-27 视频作品的导出

相关知识

剪映除了可以进行上述编辑操作,还具有一些其他的常用功能:

1. 为视频添加贴纸、特效、滤镜等效果，这些效果的设置集中在主界面左上角区域。其中，"贴纸"的添加方法与"文本"类似，单击下载后拖放至视频素材上方相应的位置；"特效""滤镜"的添加方法与"转场"类似，单击下载后直接添加至视频素材本身即可。

2. 为视频设置变速、动画、色彩调节等效果，这些效果的设置集中在主界面右上角区域。选择相应选项卡，根据需要进行个性化设置即可。

拓展知识

剪映自带音频素材库供用户使用。单击主界面左上角的"音频"按钮，即可看到不同类别的音频素材，包括卡点、抖音、纯音乐、VLOG、浪漫、旅行、美食、美妆&时尚、儿歌、萌宠、混剪等类别。

拓展任务

步骤1：启动剪映，单击"开始创作"按钮进入其主界面。

步骤2：单击主界面左上角的"音频"按钮，根据实际需要选择音频素材，例如，选择"Don't sleep"素材，经过一段时间后下载成功，将其拖放至所需位置即可，如图4-4-28所示。

图 4-4-28 音频素材库的使用

做一做

1. 选择一首喜欢的歌曲，并搜集相应的文字、图像、视频等素材，使用剪映软件将这些素材加工为该歌曲的 MV，以文件名"歌曲 MV.mp4"进行保存。

2. 自选主题，构思情节，并通过手机拍摄、网络搜索等多种方式获得所需媒体素材，最后使用剪映软件编辑合成，以文件名"我的小视频.mp4"进行保存。

项目 5

系统管理小卫士

- ■麻雀虽小五脏全——鲁大师
- ■最强之矛保安全——360 杀毒
- ■火眼金睛识木马——360 安全卫士
- ■手机监管面面全——手机管家

伴随着信息技术的高速发展，计算机和手机已经成为人们生活、学习、办公的得力助手。然而，系统在使用一段时间后，往往会出现启动缓慢、卡顿甚至死机的现象，同时安全问题变得日益严峻。我们可以借助功能丰富的系统管理工具保证计算机和手机高速、高效、安全地运行。

本项目从系统管理、病毒查杀、安全防护、手机管理等4个方面入手详细讲解多款系统管理工具的应用技巧，为用户全面掌握系统管理工具打下坚实的基础。

> **能力目标**
> 1. 学会应用鲁大师管理系统硬件。
> 2. 掌握常用杀毒软件的使用方法，查找并清除病毒。
> 3. 了解病毒分类和国内外常见杀毒软件。
> 4. 能够识别计算机的异常症状，并使用360杀毒清除病毒。
> 5. 能够使用360安全卫士修复和优化操作系统。
> 6. 能够应用手机管家实现手机系统优化和日常管理。

任务1　麻雀虽小五脏全——鲁大师

为了延长计算机的使用寿命，提高计算机运行效率，用户必须了解自己计算机的硬件配置并对其进行有效的管理。

任务分析

计算机在安装新系统后性能不佳，多半是由硬件驱动异常安装、硬件防护不到位等问题造成的。我们有必要安装一款硬件管理工具来协助操作系统对硬件设备进行有效管理，下面我们使用鲁大师来管理系统硬件。

任务实施

步骤1：启动鲁大师，其界面如图5-1-1所示。

使用鲁大师管理
计算机硬件

项目 5　系统管理小卫士

图 5-1-1　鲁大师主界面

步骤 2：在鲁大师主界面中单击"硬件体检"按钮开始检查硬件，运行结果如图 5-1-2 所示。

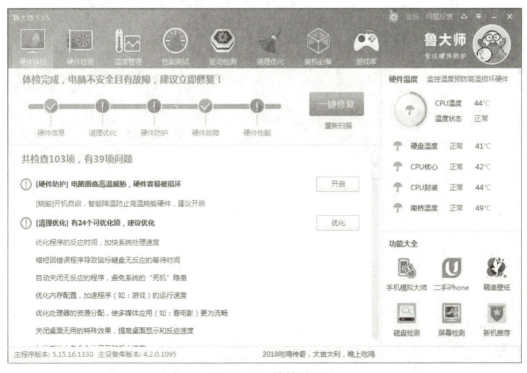

图 5-1-2　体检结果

113

步骤 3：在体检结果界面单击"一键修复"按钮开始修复计算机，修复结果如图 5-1-3 所示。

图 5-1-3　修复结果

步骤 4：在鲁大师主界面中选择上方"温度管理"模块下的"节能降温"选项卡，如图 5-1-4 所示。

图 5-1-4　节能降温

步骤 5：在"节能降温"选项卡中选择"智能降温"选项，实现系统温度智能管理。

步骤 6：在鲁大师主界面中单击上方"驱动检测"图标，鲁大师自动检测硬

114

件驱动，检测结果如图 5-1-5 所示。

图 5-1-5 检测结果

步骤 7：在检测结果界面选中"下列驱动有新版本升级"复选框，然后单击"一键安装"按钮完成驱动升级。

步骤 8：在检测结果窗口选择上方"驱动管理"模块下的"驱动备份"选项卡，如图 5-1-6 所示。

图 5-1-6 驱动备份

步骤 9：在驱动备份界面中选中"下列设备驱动未备份"复选框，然后单击

"开始备份"按钮完成驱动备份。

【小提示】

在驱动升级失败或重装了操作系统的情况下,我们能方便地用备份文件还原设备驱动。

步骤10:在鲁大师主界面单击右上角的 按钮,在出现的下拉菜单中选择"设置"选项,弹出"鲁大师设置中心"对话框,如图5-1-7所示。

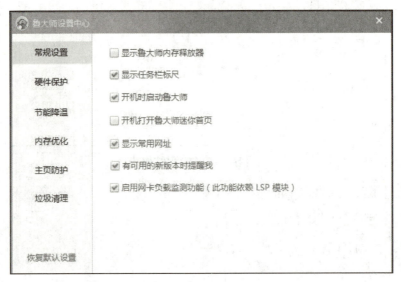

图5-1-7　鲁大师设置中心

步骤11:在"鲁大师设置中心"对话框中选择"硬件保护"选项卡并设置保护参数,如图5-1-8所示。

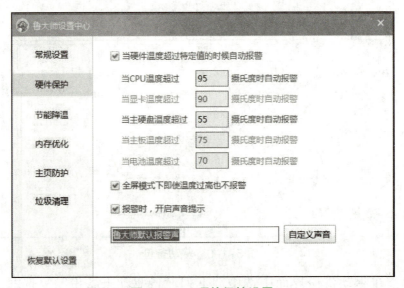

图5-1-8　硬件保护设置

步骤12：在"内存优化"选项卡中设置优化参数，如图5-1-9所示，至此完成硬件管理配置。

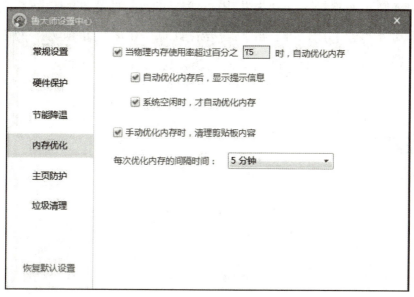

图5-1-9　内存优化

相关知识

1. 计算机硬件

计算机硬件是指组成计算机的各种看得见、摸得着的实际物理设备，主要包括CPU（中央处理单元）、主板、内存、硬盘、显卡、声卡、网卡、光驱、显示器、键盘、鼠标等元器件。这些设备在操作系统的统一管理下将我们带入了神奇的计算机世界。

2. 设备驱动程序

设备驱动程序是能够实现计算机系统和设备通信的特殊程序，它相当于硬件设备的接口，操作系统只有借助这个接口，才能控制硬件设备正常工作，因此没有正确安装驱动程序的设备，参数指标再强大也不能为用户所用。

驱动程序是硬件厂商根据操作系统所编写的配置文件，一款硬件设备在不同的操作系统中需要不同的驱动程序。CPU、主板、内存、硬盘、显示器等必要设备一般都可用操作系统自带的标准驱动程序来驱动，多数显卡、声卡、网卡、打印机等设备都需要安装与设备型号对应的驱动程序才能正常工作。与此同时，设备厂商出于保证硬件兼容性及提升硬件功能的目的会不断地升级驱动程序。

拓展知识

如果计算机网卡驱动无法正常安装，硬件管理工具就不能联网获取与本机匹配的设备驱动。遇到上述情况，我们需要在计算机中安装集成万能网卡驱动的硬件管理工具来正确配置网卡，进而借助网络来优化其他设备驱动。

拓展任务

使用驱动人生网卡版软件管理系统硬件。

操作提示：运行驱动人生网卡版软件，如果计算机网卡驱动异常，该软件会自动从本地数据库为网卡搜索安装驱动。

做一做

1. 使用鲁大师的硬件检测功能检测计算机硬件。
2. 使用鲁大师的性能测试功能测试计算机性能。
3. 使用鲁大师的清理优化功能清理系统垃圾。
4. 使用鲁大师的磁盘检测功能检测计算机磁盘。
5. 使用鲁大师的屏幕检测功能检测显示器屏幕。

任务2　最强之矛保安全——360杀毒

杀毒软件也称为反病毒软件或防毒软件，是用于消除计算机病毒、特洛伊木马和恶意软件等计算机威胁的一类软件。杀毒软件通常集成监控识别、病毒扫描和清除、自动升级等功能，是计算机防御系统的重要组成部分。

任务分析

360杀毒是奇虎360公司（北京奇虎科技有限公司的简称）推出的一款免费

的云安全杀毒软件，它创新性地整合了五大领先查杀引擎，包括国际知名的小红伞病毒查杀引擎、360云查杀引擎、360第二代QVM人工智能引擎等。360杀毒具有查杀率高、资源占用少、升级迅速等优点，一键扫描、快速诊断系统安全状况，带来安全、专业的查杀防护体验，其防杀病毒能力得到多个国际权威安全软件评测机构认可，荣获多项国际权威认证。

任务实施

通过百度搜索引擎浏览360安全中心网页（https://www.360.cn/）找到需要的软件并安装。

输入网址"http://sd.360.cn/"，打开360杀毒主页，单击"正式版"按钮，下载并安装软件。安装完成后，主界面如图5-2-1所示。

图5-2-1　360杀毒主界面

360杀毒软件中提供有"全盘扫描""快速扫描""自定义扫描""宏病毒扫描"等功能。通过这些扫描方式可以有针对性地查杀计算机中的病毒。

在360杀毒软件主界面中单击"全盘扫描"按钮。随后打开全盘扫描界面，360杀毒软件使用"速度最快"或"性能最佳"两种扫描方式查找病毒，如图

5-2-2 所示。若有病毒则做出相应的提示，有"暂不处理"和"立即处理"两种方法供用户选择，如图 5-2-3 所示。

图 5-2-2　360 杀毒软件全盘扫描

【小提示】

　　启动扫描之后，会显示扫描进度窗口。在这个窗口中用户可看到正在扫描的文件、总体进度以及发现问题的文件。如果希望 360 杀毒在扫描完后自动关闭计算机，可以选中"扫描完成后自动处理并关机"复选框。这样在扫描结束之后，360 杀毒会自动处理病毒并关闭计算机。

　　360 杀毒软件扫描到病毒后，会首先尝试清除文件所感染的病毒，如果无法清除，就会提示用户删除感染病毒的文件。木马和间谍软件由于并不采用感染其他文件的形式，而是其自身即为恶意软件，因此会被直接删除。

　　在处理过程中，由于不同的情况，有些感染文件无法被处理。如存在于压缩文档中的文件、有密码保护的文件、正在被其他应用程序使用的文件、体积超出恢复区大小的文件等。

项目 5　系统管理小卫士

图 5-2-3　全盘扫描结果

在 360 杀毒软件主界面中单击"自定义扫描"按钮，弹出如图 5-2-4 所示的对话框，选择要扫描的目录和文件进行扫描。

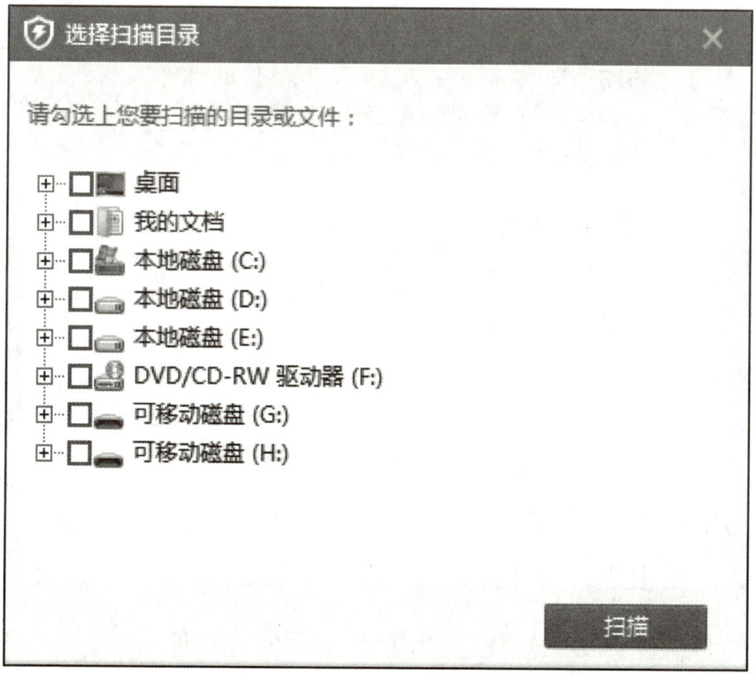

图 5-2-4　360 杀毒软件自定义扫描

此外，360杀毒软件还支持右键查杀毒功能，能对指定的磁盘区域进行快速扫描、杀毒。

【小提示】

360杀毒软件主界面中的"全盘扫描"是扫描所有磁盘；而"快速扫描"只扫描Windows系统目录及Program Files目录。

在360杀毒软件主界面的右上角单击"设置"链接，可以对软件的升级、多引擎、病毒扫描、实时防护、文件白名单等多项内容进行设置，如图5-2-5所示。

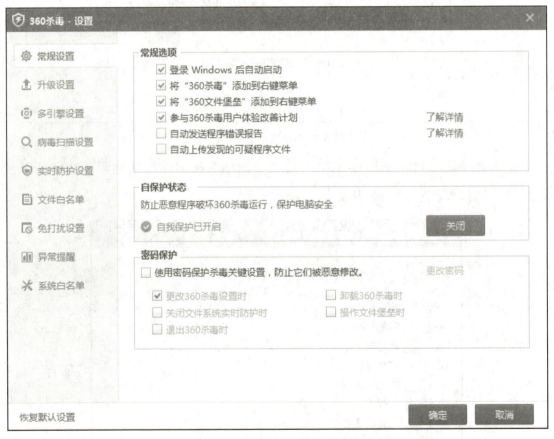

图5-2-5　360杀毒软件设置

360杀毒软件还有众多实用性的工具包，通过主界面右侧的"功能大全"按钮进入，可以看见很多小工具，更好地对系统进行保护、优化和急救，如图5-2-6所示。

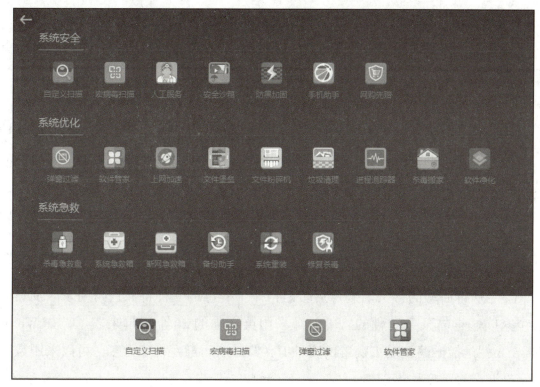

图 5-2-6 360 杀毒软件功能大全

相关知识

1. 病毒分类

（1）系统病毒。这类病毒的公有特性是可以感染 Windows 操作系统的 *.exe 和 *.dll 文件，并通过这些文件进行传播。

（2）蠕虫病毒。这类病毒的公有特性是通过网络或系统漏洞进行传播，绝大部分的蠕虫病毒都有向外发送带毒邮件、阻塞网络的特性。

（3）木马病毒。这类病毒的公有特性是通过网络或系统漏洞进入用户的系统并隐藏，然后向外界泄露用户的信息。

（4）脚本病毒。这类病毒的公有特性是使用脚本语言编写，通过网页进行病毒的传播。

（5）玩笑病毒。这类病毒的公有特性是本身具有好看的图标来诱惑用户单击，当用户单击后，病毒会做出各种破坏操作来吓唬用户，其实病毒并没有对用户计算机进行任何破坏。

2. 病毒命名规则

世界上那么多的病毒，反病毒公司为了方便管理，按照病毒的特性，将病毒进行分类命名。虽然每个反病毒公司的命名规则都不太一样，但大体都是采用一个统一的命名方法来命名的。一般格式是 <病毒前缀>.<病毒名>.<病毒后缀>。

（1）病毒前缀的含义。病毒前缀是指一个病毒的种类，是用来区别病毒的种族分类的。不同种类的病毒，其前缀也不同。例如，木马病毒的前缀是 Trojan、蠕虫病毒的前缀是 Worm 等。

（2）病毒名的含义。病毒名是指一个病毒的家族特征，是用来区别和标识病毒家族的，如曾经著名的 CIH 病毒家族名都是"CIH"，还有振荡波蠕虫病毒的家族名是"Sasser"等。

（3）病毒后缀的含义。病毒后缀是指一个病毒的变种特征，是用来区别具体某个家族病毒的某个变种的。一般都采用英文中的 26 个字母来表示，如 Worm.Sasser.b 就是指振荡波蠕虫病毒的变种 B。如果该病毒变种非常多，可以采用数字与字母混合表示变种标识。

3. 国内外常见杀毒软件

（1）国外杀毒软件。

美国：Symantec(诺顿)、McAfee(迈克菲)、NOD32、Comodo。俄罗斯：Dr.Web(大蜘蛛)、Kaspersky（卡巴斯基）。韩国：Ahnlab（安博士）、Virus Chaser（驱逐舰）。罗马尼亚：BitDefender（比特梵德）。捷克：AVAST！。德国：Antivir（小红伞）。西班牙：Panda（熊猫卫士）。

（2）国内杀毒软件。国内杀毒软件有 360 杀毒、微点、瑞星、金山毒霸、江民、腾讯电脑管家、火绒等。

拓展知识

1. 误报率

误报率是杀毒软件在工作时，对所扫描的文件提示病毒的错误概率。例如，100 个文件都没有病毒，但杀毒软件提示一个文件有病毒，那么误报率就是 1%。由于误报会对用户的正常使用造成较为严重的影响，因此在杀毒软件评测时，使用误报文件个数，而不是误报率作为评价指标。

2. 在线杀毒

在线杀毒是一种新型的计算机反病毒手段的网络杀毒形式，它利用新一代的网络技术，结合杀毒软件的杀毒引擎，由反病毒公司的服务器通过互联网对用户的计算机进行远程查毒、杀毒。用户无须购买和安装杀毒软件，也无须升级，只要连接互联网，就可以轻松杀除本地计算机中的病毒。

360 杀毒软件的有效性测试

拓展任务

（1）新建一个文本文档，将下面一行文本输入进去，保存文件。

X5O!P%@AP[4\PZX54(P^)7CC)7}$EICAR-STANDARD-ANTIVIRUS-TEST-FILE!$H+H*。

现在可以用杀毒软件来查这个文件，如果报告发现病毒，就表示反病毒软件已经安装成功，并有效地维护着计算机的安全。

操作提示：这行文本是 EICAR 防病毒测试文件，这个文件是欧洲计算机病毒研究机构及防毒软件公司发展出的，其目的在于设置一个标准，客户按照该标准来确定其防病毒软件是否安装成功。

（2）通过卡巴斯基在线文件扫描网站检测本地文件。

首先通过浏览器访问 https://virusdesk.kaspersky.com/，在网页正中的输入框后单击曲别针图标就会弹出一个选择框。从中选择安全性可疑的文件后单击后面的扫描按钮，就可以将文件上传到卡巴斯基的服务器里进行判断。

上传完成后，就会对文件的安全性进行分析，分析结束后会在网页中显示出最终的分析结果。如果检测的文件是安全的，就会用绿色的文字显示出"File is safe"；如果检测的文件有问题，那么会用红色的文字显示出"File is infected"。与此同时，还会显示出这个文件的相关信息，包括文件的大小、文件的类型以及文件的哈希函数等。

做一做

使用浏览器访问"卡饭论坛"（https://bbs.kafan.cn/），搜索并下载"病毒测试包"(压缩包里全部是病毒程序),使用360杀毒软件扫描该文件。

操作提示:病毒测试包里包含了许多病毒,所以具有一定的危险性。下载该压缩包之后,不要解压,直接用360杀毒软件检测就可以测试杀毒软件的能力,而且病毒不会对本机造成伤害。

任务3　火眼金睛识木马——360安全卫士

安全辅助软件是计算机日常管理中不可或缺的安全产品,主要用于实时监控和查杀流行木马、管理应用软件、修复系统漏洞,同时提供系统全面诊断、清理系统垃圾,以及系统优化等辅助功能,为每台计算机提供全方位的系统安全保护。

任务分析

360安全卫士是一款由奇虎360公司推出的功能强、效果好、受用户欢迎的安全辅助工具。360安全卫士拥有查杀木马、清理插件、修复漏洞、电脑体检、电脑救援、保护隐私、电脑专家、清理垃圾、清理痕迹多种功能。

任务实施

使用360安全卫士扫描系统漏洞

通过百度搜索引擎浏览360安全中心网页(https://www.360.cn/)找到需要的软件,实现安装。

步骤1:输入网址 http://weishi.360.cn/,打开360安全卫士主页。单击"立即下载"或"离线安装包"按钮,下载并安装软件。安装完成后,主界面如图5-3-1所示。

项目 5　系统管理小卫士

图 5-3-1　360 安全卫士主界面

步骤 2：在主界面中，单击"立即体检"按钮，可以对计算机进行详细的检查，如图 5-3-2 所示。体检完毕后，单击"一键修复"按钮，修复查出的全部问题，如图 5-3-3 所示。

图 5-3-2　360 安全卫士电脑体检完毕

步骤 3：在"木马查杀"界面中，可以使用五大引擎（360 云查杀引擎、360 启发式引擎、QEX 脚本查杀引擎、QVM 人工智能引擎、小红伞本地引擎）提升

127

防御能力，对本机进行快速、全盘或按位置查杀，最大限度地保护系统安全，如图 5-3-4 所示。

图 5-3-3　360 安全卫士电脑体检修复完毕

图 5-3-4　360 安全卫士木马查杀

步骤 4：在"电脑清理"界面中，单击"全面清理"按钮可以清理垃圾、插件和痕迹，释放计算机更多的空间，如图 5-3-5 所示。扫描完毕后，选中需要清理的项目，单击"一键清理"按钮，清理垃圾释放空间，如图 5-3-6 所示。

项目 5　系统管理小卫士

图 5-3-5　360 安全卫士电脑清理

图 5-3-6　360 安全卫士电脑清理扫描完毕

步骤 5："系统修复"模块主要是进行系统漏洞修复，360 安全卫士会显示需要安装的每个补丁的编号、作用、发布时间和体积大小。由于需要逐个下载补丁，可能会耗时较长，单击"后台修复"按钮可以将窗口隐藏到任务栏，不影响用户的其他工作，如图 5-3-7 所示。

129

图 5-3-7　360 安全卫士系统修复

【小提示】

"电脑清理"扫描完毕后,大部分扫描出来的项目是"默认勾选"的,但依然有一些项目软件没有主动选中,而是需要用户自主决定是否选中。

步骤 6:"优化加速"模块主要是提升开机、运行速度。单击"全面加速"按钮开始扫描,扫描完毕后,可以选择需要优化的项目,再单击"立即优化"按钮。对已经优化的项目,若想撤销或还原,可以在"优化记录"中恢复,如图 5-3-8 所示。

【小提示】

在浏览网页、玩游戏或运行各种软件的时候,有时会发现计算机运行特别缓慢,这时就需要使用 360 安全卫士的优化加速功能。

步骤 7:"软件管家"模块方便用户安全地下载各类软件,同时管理本机已安装软件的升级和卸载,如图 5-3-9 所示。

步骤 8:在 360 安全卫士主界面的右上角单击"设置"按钮,弹出"360 设置中心"对话框在其中可以对软件的基本项目、弹窗、开机小助手、安全防护中心、漏洞修复、木马查杀等多项内容进行设置,如图 5-3-10 所示。

项目 5　系统管理小卫士

图 5-3-8　360 安全卫士优化加速

图 5-3-9　360 安全卫士软件管家

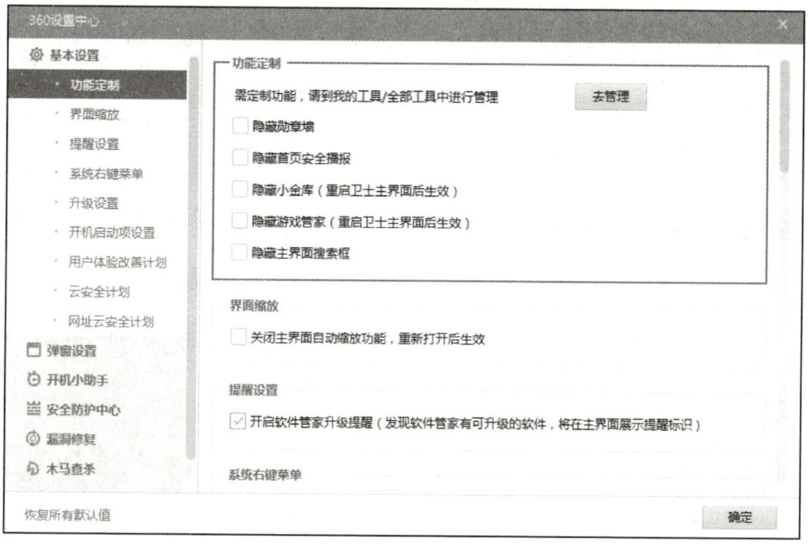

图 5-3-10　360 安全卫士设置中心

相关知识

1. 系统漏洞

系统漏洞是指应用软件或操作系统软件在逻辑设计上的缺陷或错误，被不法者利用，通过网络植入木马、病毒等方式来攻击或控制整个计算机，窃取计算机中的重要资料和信息，甚至破坏系统。

漏洞影响的范围很大，包括系统本身及其支撑软件、网络客户和服务器软件、网络路由器和安全防火墙等。换而言之，在这些不同的软硬件设备中都可能存在不同的安全漏洞问题。

2. 补丁

补丁是指衣服、被褥上为遮掩破洞而钉补上的小布块。现在也指对于大型软件系统（如微软操作系统）在使用过程中暴露的问题（一般由黑客或病毒设计者发现）而发布的解决问题的小程序。

补丁一般都是为了应对计算机中存在的漏洞，为了更好地优化计算机的性能。按照其影响的大小可分为：①高危漏洞的补丁：这些漏洞可能会被木马、病毒利用，应立即修复。②软件安全更新的补丁：用于修复一些流行软件的严重安全漏洞，建议立即修复。③可选的高危漏洞补丁：这些补丁安装后可能引起计算机和软件无法正常使用，应谨慎选择。④其他及功能性更新补丁：主要用于更新系统或软件的功能，可根据需要选择性进行安装。⑤无效补丁。

3. 系统垃圾

系统垃圾是指 Windows 系统的遗留文件，一般不会再次被使用。例如，安装后又卸载的程序残留文件及注册表的键值，在某些极端情况下可能会导致问题（如软件卸载不完全、重新安装软件失败）。这些都是对系统毫无作用的文件，并且只能给系统增加负担。

拓展知识

1. 使用 360 安全卫士守护浏览器上网主页

主页也被称为首页，是用户打开浏览器时默认打开的网页。为了获得广告收入，一些恶意软件或第三方浏览器经常篡改用户的主页。

在 360 安全卫士的"查杀修复"模块内找到"主页锁定"按钮，锁定想用的上网主页，然后再打开浏览器验证锁定是否有效。如果锁定无效，那么就需要使用"功能大全"模块里面自带的"主页修复"功能进行修复了，在"全部工具"里面找到"主页修复"，单击下载安装即可。

2. 360 U 盘助手打造 U 盘专属安全视图

近年来，很多用户都被 U 盘病毒困扰，有些病毒在系统资源管理器视图显示时，往往会伪装成正常文件夹或者文档的样子，标题也会篡改成用户 U 盘里的文件名称，看起来就像本来的文件一样，然后把用户本身的文件隐藏掉，引导用户误单击，运行木马，造成计算机全盘感染。

为了降低 U 盘中毒率，360 安全卫士特推出"U 盘安全视图"，隔离高危文件，分类查看 U 盘文件，全面保护 U 盘和计算机安全。360 U 盘助手安全视图模式会根据文件本身属性进行分类，隐藏的文件也会展示出来，如果检测到是木马病毒等有危险的文件，就会隔离到"高危文件"分类中，让木马无所遁形。

3. 360 系统急救箱查杀顽固木马

360 系统急救箱支持查杀恶性木马（包含驱动型及 MBR 型），如果计算机中了顽固的驱动或者引导类木马，先关闭并且退出其他无关程序，再使用急救箱处理。

打开官方网址 http://www.360.cn/superfirstaid/index.html，单击"360 系统急救箱"按钮下载。打开解压好的文件夹，运行急救箱程序。使用强力模式，需要扫描完后重启计算机，再扫描第二遍，然后再次重启，才完成整个扫描流程。

拓展任务

1. 请使用 360 安全卫士修改浏览器上网主页为自己常用的网址。

操作提示：在 360 安全卫士的"查杀修复"模块内找到"主页锁定"。

2. 使用 360 系统急救箱查杀本机的顽固木马。

做一做

1. 使用 360 安全卫士的"系统修复"模块扫描并修复系统漏洞。

2. 使用 360 安全卫士的"软件管家"模块下载应用宝、爱奇艺视频等软件，安装软件并进行软件净化。

操作提示："软件净化"是对于已安装的软件自动解除任务栏的快捷方式，并自动关闭开机自启动功能。

任务4　手机监管面面全——手机管家

手机的垃圾文件占用了太多空间？总是收到骚扰电话和短信不厌其烦？不知道什么软件在偷偷耗费您的电量和流量？……这些问题统统交给手机管家来帮您搞定吧。

任务分析

人们的工作、生活、学习、娱乐都离不开手机，如何保障手机安全、平稳、高效地运行是每个使用者都要面对的问题。现在大部分的手机管家类软件都可以动态守护手机安全，深度清理微信、QQ 缓存，让手机体积减半，拒绝卡顿。腾讯手机管家不但能帮助我们拦截骚扰信息和诈骗电话，还可以实现系统优化、软件管理、清理加速、安全检测等功能。

手机管家

项目 5　系统管理小卫士

任务实施

（1）下载安装。在手机上的应用商店或浏览器中，搜索腾讯手机管家进行下载安装，安装完成后，在手机桌面出现"腾讯手机管家"图标，如图 5-4-1 所示。

（2）系统优化。点击手机桌面"腾讯手机管家"图标，打开手机管家，点击"一键优化"按钮，开始进行全面系统优化，结束后点击"完成"按钮，显示本次优化结果，如图 5-4-2 所示。

图 5-4-1　下载安装

（3）清理加速。在系统优化完成后，可以通过"清理加速"对微信、QQ 照片等应用的缓存和垃圾文件进行清理，深度给手机瘦身。如图 5-4-3 所示。

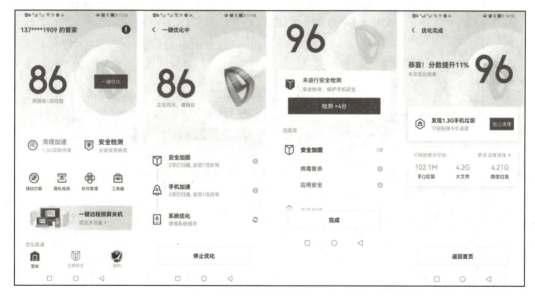

图 5-4-2　系统优化

步骤 1：点击手机管家首界面的"清理加速"按钮进入"清理加速"界面，显示当前自动筛选出的可清理空间，也可点击"查看清理详情"链接打开"放心清理详情"界面。

步骤 2：根据需要对清理项进行手工设置，确定好清理项后，点击"一键清理加速"按钮完成清理，也可点击界面左上角的返回按钮"<"到上一级界面，

点击"放心清理"按钮完成清理。

图 5-4-3　清理加速

（4）安全检测。进行手机的安全检测、修复安全漏洞，包括网络、病毒、系统、账号、隐私、支付等方面，如图 5-4-4 所示。

图 5-4-4　安全检测

步骤 1：点击手机管家首界面的"安全检测"按钮，打开安全检测界面。

步骤 2：点击"立即检测"按钮，开始检测，完成后得到检测结果"有一项安全隐患"，也可查看深度检测详情，并根据情况开启相关权限。

步骤 3：检测完成后点击"立即更新"按钮消除安全隐患。

（5）软件管理。可以对游戏中心、软件卸载、安装包管理、微信软件专清、软件清理加速等分别进行管理，如图 5-4-5 所示。

步骤 1：点击手机管家首界面的"软件管理"按钮，打开软件管理界面。

步骤 2：以卸载 QQ 浏览器为例看一下如何进行软件管理。首先点击"软件卸载"右侧的"处理"按钮，打开软件卸载界面，默认列出手机上的全部软件。

步骤 3：找到并选中要卸载的 QQ 浏览器，也可同时选中多个软件卸载，点击"卸载"按钮，完成卸载。

（6）手机管家还有骚扰拦截、隐私检测、网络测速等功能。

图 5-4-5 软件管理

相关知识

我们每天都在使用手机，给大家介绍几个使用手机的小技巧，遇到这些问题时可以试一试。

1. 手机掉进水里怎么办

手机掉进水里，取出后要尽快擦干手机表面上的液体，用卫生纸把缝隙里的水吸干净。但也不用特别担心，因为现在手机都是一体式，密封性很好，做工非常精细。旗舰机手机一般支持防尘防水，不过不要用手操作或者关机等。我们可以用吹风机吹干即可，如果还是不能使用，就可以拿到维修店了，拆开手机外壳进行清理，一般经过简单修理即可。

2. 手机触屏失灵怎么办

触屏失灵手机的配置一般不高，安装的应用太多占用内存大，导致手机负荷运行发热，手机就会卡顿耗电过快，导致触屏的失灵，我们可以进行一些后台的清理，或者进行系统优化，实在不行就恢复出厂设置。这是不得已的选择，一般不会这么做，如果要恢复出厂设置，一定做好数据备份，防止资料丢失。

3. 手机信号有时弱

有的时候我们在一个地方会出现手机没有信号，在有信号的地方，也发现信号不能使用，最常见的做法应该是重启手机，让手机重新找到信号源，其实还有更简单的做法，只需要把飞行模式打开一会儿，然后关闭，可以达到同样的效果。

4. 忘记自己的 Wi-Fi 密码怎么办

当手机已经连上 Wi-Fi 时，选择"设置"→"WLAN"选项，点击已经连接上的 Wi-Fi，就会弹出一个二维码。把这个二维码截图保存至相册；打开微信，点击"扫一扫"图标，添加刚刚截取的图片，即可获取密码了。

拓展知识

360 手机卫士是一款免费的手机安全软件，集防垃圾短信、防骚扰电话、防隐私泄露，对手机进行安全扫描、联网云查杀恶意软件、软件安装实时检测、流量使用全掌握、系统清理手机加速、归属地显示及查询等功能于一身，是一款功能全面的智能手机安全软件。

拓展任务

利用 360 手机卫士完成以下几项任务。

（1）手机杀毒。快速扫描手机中已安装的软件，发现病毒木马和恶意软件，彻底查杀。

（2）手机备份。将通讯录、短信等重要资料加密后备份到 360 云安全中心。

（3）流量监控功能。通过设置流量监控，自动识别用户运营商、套餐类型，并且根据套餐类型进行精准的流量、话费监控、提醒；对于已安装应用的流量使用情况进行监控，杜绝流量丢失。

（4）话费流量。通过设置，掌控手机的流量剩余、话费剩余等关键信息，随时随地监控资费去向。

做一做

1. 用手机管家对微信、QQ 进行一次深度清理。
2. 尝试把某个手机号设置成骚扰拦截，然后再取消。

项目 6

信息传递你我他

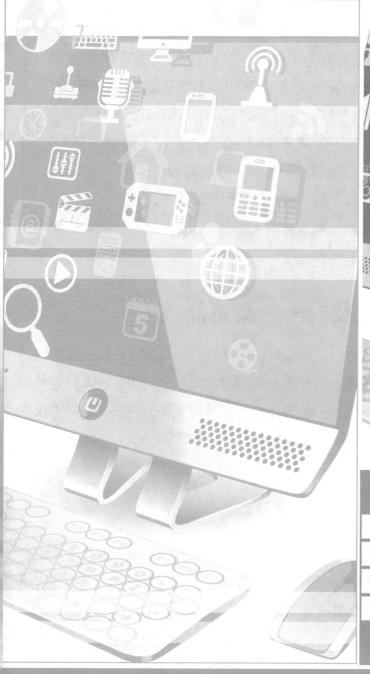

- ■ 网上冲浪任我行——浏览器
- ■ 无须邮票疾如风——电子邮箱
- ■ 乐在沟通每一天——QQ
- ■ 工作生活新方式——微信

随着科技发展，计算机网络已深入到我们工作、生活的方方面面。我们了解资讯、搜索资料、通信交流、共享资源等都离不开计算机网络。它为人与人、人与世界沟通架起桥梁，使我们足不出户便可掌握世界。计算机网络及常用网络工具软件，为人们的工作、生活提供了便捷可靠的服务，大大提高了人们的工作效率。本项目主要介绍常用网络浏览器、电子邮箱、邮件管理工具、即时通信工具的基本操作及应用技巧，使用户成为此类工具软件的操作高手。

> **能力目标** ⇨
> 1. 掌握网络浏览器的使用技巧，能熟练完成常用的网页浏览操作。
> 2. 学会电子邮箱的使用方法并能使用在线电子邮箱进行邮件操作。
> 3. 掌握常用即时通信工具腾讯 QQ 的常用操作，能够与单人、多人交流信息、传输文件等。
> 4. 掌握常用即时通信工具电脑版微信的常用操作，能够双人、多人会话，分享和下载文件及网络链接等。

任务1　网上冲浪任我行——浏览器

人们想要了解新闻、搜索资讯，首先要访问网址、浏览网页，这就要通过网页浏览器实现。网页浏览器就像人们开启互联网世界的第一把钥匙，人们进行的网络操作大多以它的应用为基础。一款界面友好、功能完备的网页浏览器不仅能够让用户快速上手，还能在用户体验过程中为用户带来惊喜。

任务分析

现在市面上流行的网页浏览器有很多，较为出色的有 360 安全浏览器、IE 浏览器、Chrome 浏览器等，其中 360 安全浏览器作为一款国产软件凭借其自身突出的优点，在此类软件竞争中占据着一席之地，下面一起来了解学习。

任务实施

使用360安全浏览器首先可以根据个人习惯做常规设置,方便浏览保存网页内容。

步骤1:打开360安全浏览器后,单击浏览器右上角的"打开菜单"按钮,在其菜单中选择"网页缩放"选项,在其子菜单中可根据需要选择网页显示比例,默认是100%,如图6-1-1所示。

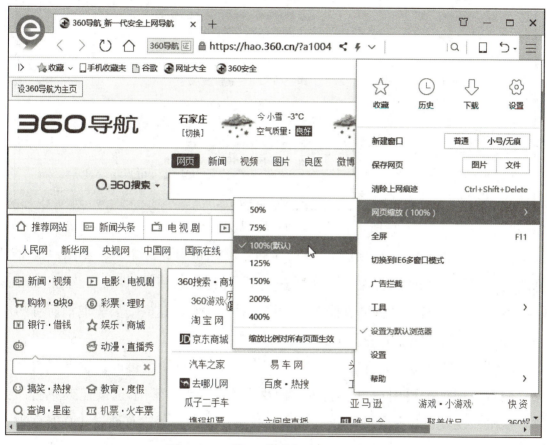

图6-1-1 "打开菜单"按钮下拉菜单

步骤2:单击"打开菜单"中的"设置"图标,打开如图6-1-2所示的选项页面,可以对浏览器进行基本设置。

图 6-1-2 "选项 – 基本设置"选项卡

步骤 3：在上述页面中单击"修改主页"按钮可以修改主页，将用户最常浏览的网址设置为主页，每次打开 360 安全浏览器就能打开此网址，例如：https://www.baidu.com/。有时网页浏览器会自动设置锁定主页，这时需要先取消所有网页浏览器锁定主页功能才能修改主页。

步骤 4：在图 6-1-2 所示的"下载设置"选项区域中，可以设置下载内容的保存位置，根据需要用户可以选中"使用上次下载目录"单选按钮或单击"更改"按钮，设置 360 安全浏览器默认的下载文件夹，保存所有通过 360 安全浏览器下载的网络资源。

用户常浏览的网址也可以收藏，将它们添加到 360 安全浏览器的收藏夹中，每次浏览可以从收藏夹中快速方便地选择网址浏览。收藏网址，首先在浏览网页打开想要收藏的网址，例如：https://hao.360.cn/，选择"打开菜单"→"收藏"→"添加到收藏夹"选项，如图 6-1-3 所示，打开"添加到收藏夹"对话框，在其中输入网页标题"360 安全导航"，如图 6-1-4 所示。这样即可将此网址添加到收藏夹中。

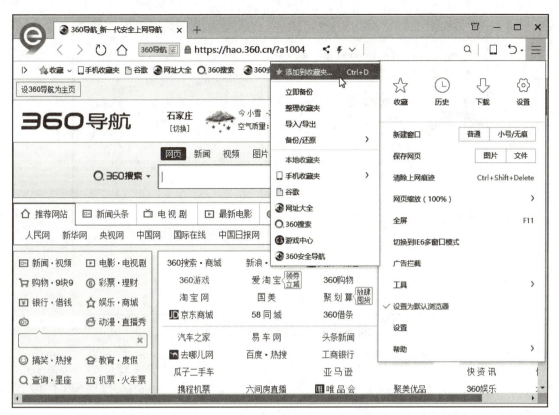

图 6-1-3 "收藏"子菜单

图 6-1-4 "添加到收藏夹"对话框

单击"打开菜单"→"历史"图标，弹出"历史记录"选项卡，如图 6-1-5 所示。在该选项卡中浏览器对用户浏览过的网址按日期进行了分组。用户可以设置条件查找、搜索浏览过的网址。

图 6-1-5 "历史记录"选项卡

用户需要保存网页时,单击"打开菜单"→"保存网页"后面的"图片"或"文件"按钮,如图 6-1-1 所示。在弹出的"另存为"对话框中,选择保存位置、文件名及保存类型,单击"保存"按钮保存网页,如图 6-1-6 所示。

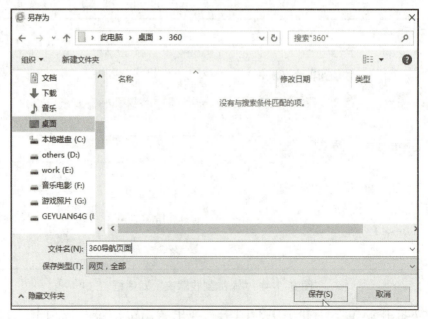

图 6-1-6 "另存为"对话框

选择"打开菜单"→"清除上网痕迹"选项,在弹出的"清除上网痕迹"对话框中可以选择清除某个时间段的上网记录,也可以选择是否清除缓存文件、

Cookies 等，如图 6-1-7 所示，单击"立即清理"按钮，可以完成上网痕迹的清理。

【小提示】

在 360 安全浏览器中保存网页内容有两种形式，图片形式和网页文件形式。以图片形式保存，浏览器会将打开的网页保存为一整张图片，图片的类型可选，常用 PNG 格式。以网页形式保存网页可以保存网页全部内容或仅保存 HTML 文件。

图 6-1-7 "清除上网痕迹"对话框

在 360 安全浏览器中想浏览多个网址，可以单击标题栏的"打开新的标签页"按钮 ＋ 。浏览器不用打开新的程序窗口，只添加标签页面，方便用户操作。

在新标签页面的地址栏输入网址，例如：https://www.taobao.com/，可以打开淘宝网的主页。这样就可以在一个浏览器窗口中打开多个网址标签，如图 6-1-8 所示。

选择"插件"工具栏的"快速翻译当前页面和翻译文字"下拉菜单中的"翻译当前网页"选项，如图 6-1-9 所示，浏览器会自动打开新的标签页，将淘宝网网页翻译成英文页面，如图 6-1-10 所示。

【小提示】

　　360安全浏览器提供快速翻译功能，依托"有道翻译"，可以实现中英文网页内容互译，可以翻译词句，甚至整个网页，方便用户浏览英文网站。

　　此外，360安全浏览器还可以通过安装插件，实现其他便捷小功能，如抓图、嗅探音视频等。

图 6-1-8　360浏览器窗口

图 6-1-9　"快速翻译当前页面和翻译文字"下拉菜单

图 6-1-10　翻译后的英文淘宝页面

相关知识

360 安全浏览器是 360 安全中心与凤凰工作室合作开发的一款网页浏览器，它是基于 IE 和 Chrome 的双内核浏览器。此浏览器最大的特点就是为用户浏览网页提供了全面的安全保障，它特有的"沙箱"技术能完全有效地拦截木马、病毒，屏蔽恶意网址。它后台数据库储存着全国最多的恶意网址，通过恶意网址拦截技术，360 安全浏览器可自动拦截欺诈、网银仿冒等恶意网址，尤其当用户在使用隔离模式时，即使访问木马也不会感染。

做一做

使用 360 浏览器保存淘宝网首页内容

1. 在计算机中下载安装 360 安全浏览器。
2. 根据个人喜好对 360 安全浏览器进行基本设置。
3. 将百度（www.baidu.com）设置为默认主页。
4. 将人民网（www.people.com.cn）、淘宝网（www.taobao.com）主页保存在收藏夹里。

5. 在桌面新建一个文件夹，分别以文本文件、图片形式保存淘宝网首页内容，查看保存结果，说说以不同格式保存网页内容的区别。

6. 清除上网记录和网页浏览器地址栏列表内容。

任务2　无须邮票疾如风——电子邮箱

电子邮箱通过互联网为网络用户传输电子邮件。电子邮件以其快捷环保的优势，现在已成为人们日常重要的信息交流工具之一，也被广泛用于政务、商务领域。人们能够使用电子邮箱快速地储存、收发电子邮件。电子邮件还具有添加附件功能，附件可以是图片、音频、视频等文件。人们使用较多的国产电子邮箱产品有网易126邮箱、新浪邮箱、QQ邮箱等。

任务分析

传统的纸制信函邮寄时间长，主要传达纸面的文字、图片内容。随着人们工作、生活节奏加快，办公自动化普及，人们对文件交流的实时性要求变高，文件内容也更丰富，形式更多样。人们想要快速地利用网络传输电子办公文档或其他格式文件，如图片、音频、视频文件，就要使用电子邮箱发送电子邮件。下面以126在线电子邮箱为例，一起来学习如何使用电子邮箱。

任务实施

使用126在线电子邮箱首先通过网页浏览器访问126在线邮箱网站首页，网址为 https://mail.126.com。

使用126在线邮箱发送邮件

步骤1： 首次使用126电子邮箱需要注册邮箱账号。打开126网易邮箱网站首页，单击"去注册"按钮，如图6-2-1所示，将打开免费邮箱注册页面。

图 6-2-1　126 在线电子邮箱网站首页

步骤 2：选择默认的"注册字母邮箱"选项卡，输入邮件地址等信息，所有加"*"标注的字段都是必填字段，输入必填字段后，单击"立即注册"按钮，如图 6-2-2 所示。注意邮件地址、密码这两个字段对字符长度和内容有要求，如果输入内容不符合要求，单击"立即注册"按钮后，无法通过网站检测，网页会显示提示。

图 6-2-2　注册字母邮箱页面

步骤 3： 申请好电子邮箱便可在 126 邮箱网站首页输入邮箱账号及密码登录邮箱。登录成功后页面如图 6-2-3 所示。邮箱默认有 7 个标签页，常用首页、通讯录、收件箱这三项。首页左侧是主要功能列表，包括收信、写信、收件箱、已发送等；首页中部为主窗格，在右上角可显示登录计算机所在城市及当天天气。

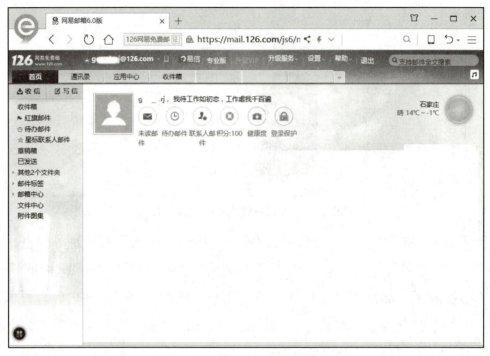

图 6-2-3　126 邮箱首页

步骤 4： 单击邮箱首页左侧的"写信"按钮，进入"写信"标签页，输入信件的内容。在"收件人"后输入收件人电子邮箱地址，多个收件人以英文格式的逗号分开，也可以从右侧显示的通讯录中选择一个或多个收件人，也可以直接选择联系组，将一组联系人添加到收件人中。"主题"是信件名称，一般提示信件的主要内容，字数不宜多。在文本框中输入信件文字内容，可以使用邮箱工具栏中的按钮修改信件的字体格式、添加信纸、添加图片、截图、添加日期、翻译等，如图 6-2-4 所示。

步骤 5： 为邮件添加附件时，单击"添加附件"按钮，在弹出的"打开"对话框中选择需要添加的附件，单击"打开"按钮，如图 6-2-5 所示，便可为邮件添加附件。

项目 6　信息传递你我他

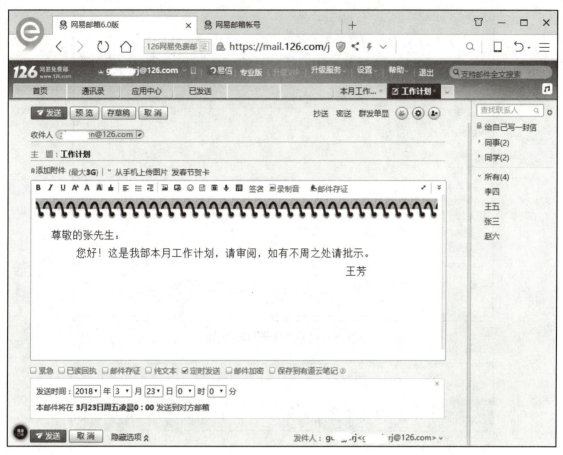

图 6-2-4　"写信"页面

【小提示】

除收件人外，邮件还要给其他人浏览或备份，这些人可以作为抄送人，使用抄送功能可将邮件抄送多人。收件时，收件人与抄送人都能相互看到电子邮箱地址。如果收件人或抄送人需要隐藏，可使用密送，其他人收件时将看不到密送人的电子邮箱地址。使用邮件的群发单显功能可以将一封邮件发给多个收件人，每个收件人看到的都是该邮件单独发给了自己。

步骤 6： 单击"发送"按钮可立即发送邮件。选中"定时发送"复选框，可以预约邮件的发送时间，如图 6-2-4 所示。选中"邮件加密"复选框可以为发送邮件加密，收件人只有在输入正确的密码后才能打开邮件。

步骤 7： 选择"已发送"选项可以显示发送过的邮件列表，如图 6-2-6 所示。单击邮件主题可以再次打开邮件，如图 6-2-7 所示，在此页面中可以使用邮箱提供的工具栏按钮对邮件再次编辑发送或转发、删除、移动等。

151

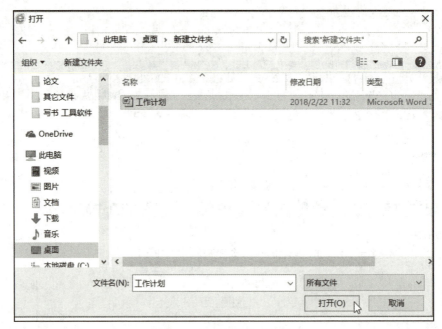

图 6-2-5 "打开"对话框

图 6-2-6 "已发送"标签页

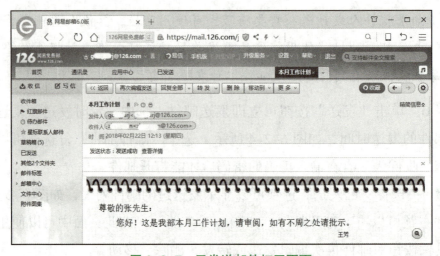

图 6-2-7 已发送邮件打开页面

步骤 8：选择邮箱左侧的"收件箱"选项，会显示收件箱中的信件，信件过多时会自动分页显示。单击邮件主题可以打开邮件，邮件的文字内容会显示在页面中。鼠标指针移动到附件上方会显示邮箱附件操作按钮，可以直接打开预览，也可以下载保存附件，如图 6-2-8 所示。在附件的下方是快速回复文本框，用户可以在其中快速回复文字信息。

图 6-2-8　收件打开页面

步骤 9：选中收件列表的复选框，可选择多个信件批量移动或标记。用户先选中需要标记的若干邮件，选择"标记为"下拉菜单中的"待办邮件"选项，如图 6-2-9 所示，可以为邮件添加待办标记，其他标记的添加方法与此类似。

步骤 10：当需要删除邮件时，可以通过复选框，选中多个邮件，选择"移动到"下拉菜单中的"已删除"选项，如图 6-2-10 所示，可以将邮件移动到已删除类别，使用类似的方法也可以将邮件移动到草稿箱、已发送、订阅邮件、广告邮件、垃圾邮件等。

步骤 11：移动到"已删除"的邮件并没有彻底从邮箱删除，还占用邮箱的空间，要彻底删除邮件，可以选择邮箱左侧"其他 3 个文件夹"→"已删除"选项，如图 6-2-11 所示，在打开的"已删除"标签页中选择待删除邮件，单击"彻底删除"按钮，即可彻底删除邮件。

图 6-2-9 "标记为"下拉菜单

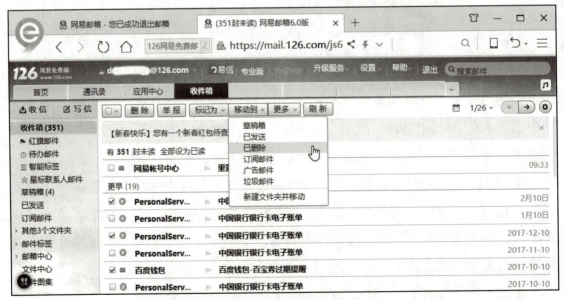

图 6-2-10 "移动到"下拉菜单

步骤 12：打开"通讯录"标签页，如图 6-2-12 所示，可以管理邮箱的通讯录，编辑联系组、联系人。单击"新建联系人"按钮，弹出"新建联系人"对话框，输入联系人电子邮箱等信息，如图 6-2-13 所示，单击"确定"按钮，即可新建联系人。

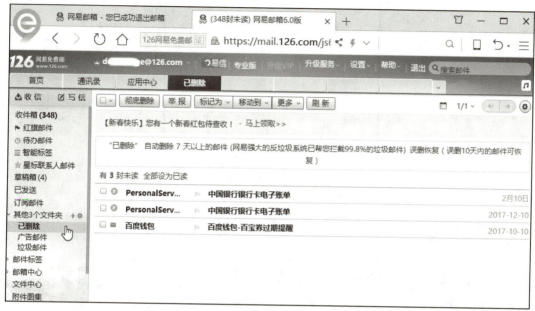

图 6-2-11 "已删除"标签页

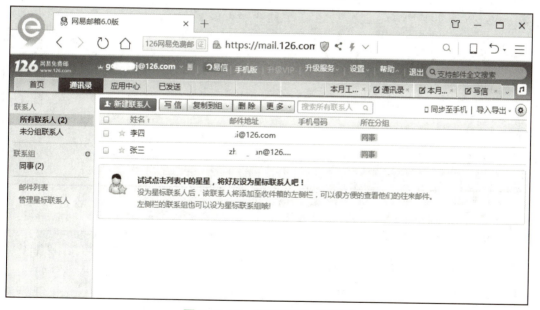

图 6-2-12 "通讯录"标签页

步骤 13：单击"通讯录"标签左侧的"新建组"按钮，打开新建组界面，如图 6-2-14 所示。在"分组名称"文本框中输入新建组的名称，从联系人列表中选择需要添加到该组的联系人，单击联系人名称右侧的→按钮可以将联系人添加到该组中。

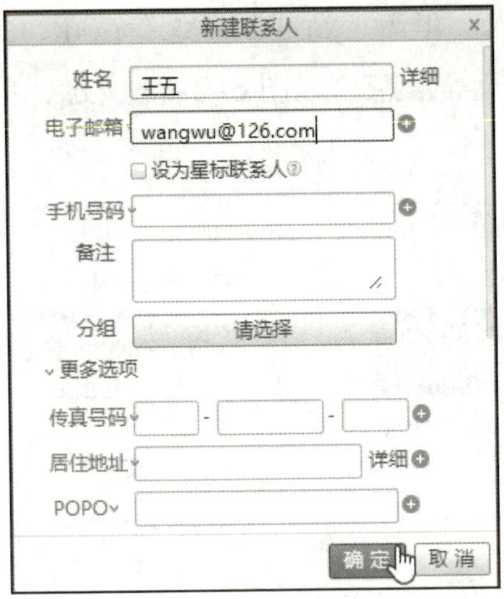

图 6-2-13 "新建联系人"对话框

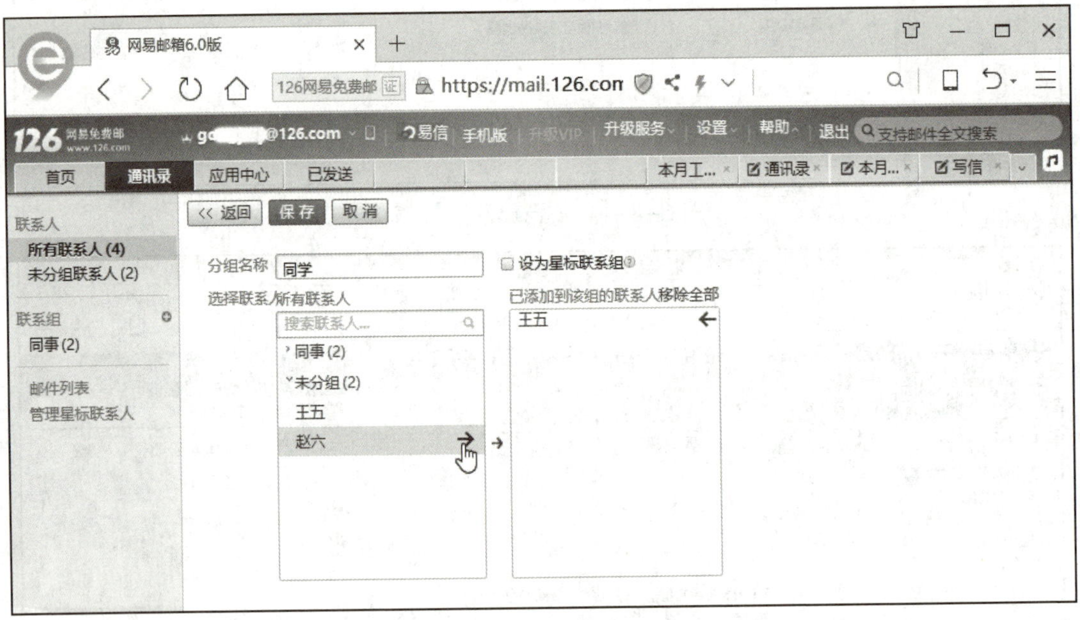

图 6-2-14 新建组界面

步骤 14：对邮箱的设置可以使用邮箱顶部的"设置"菜单，其中包括修改邮箱密码、邮箱皮肤等功能，如图 6-2-15 所示。选择"设置"→"常规设置"选项，显示常规设置页面，如图 6-2-16 所示。在"基本设置"栏中可以设置邮箱每页显示的邮件条目数量，在"自动回复/转发"栏中可以设置自动回复他人来信。自动回复是邮箱常用设置，启用

图 6-2-15 "设置"下拉菜单

后邮箱可以在收到他人电子邮件后自动回复,方便他人确定邮件是否顺达。

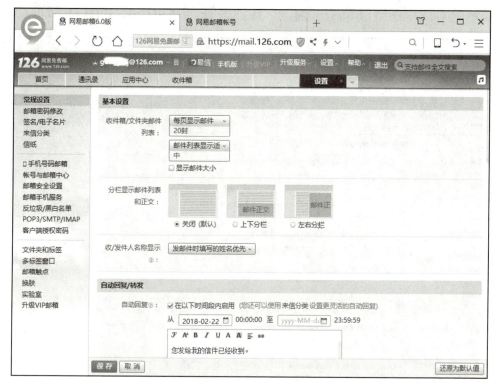

图 6-2-16 常规设置页面

步骤 15:选择"设置"标签页左侧的"反垃圾/黑白名单"选项,打开"反垃圾/黑白名单"页面,可以在其中添加黑名单和白名单。

【小提示】

　　黑名单中保存的电子邮箱地址发送的电子邮件,将不被接收,主要屏蔽一些无用的广告邮箱地址等。

　　白名单中存放被误判为垃圾邮件的电子邮箱地址,确保能够收到需要的电子邮件。

步骤 16:用户如果想使用第三方邮件客户端,即电子邮件收发软件,来管理电子邮箱,必须先开启电子邮箱的 POP3/SMTP/IMAP 服务功能。选择邮箱顶部的"设置"→"POP3/SMTP/IMAP"选项,如图 6-2-15 所示,显示 POP3/SMTP/IMAP 设置页面,选中"IMAP/SMTP 服务"复选框,如图 6-2-17 所示。弹出"提醒"对话框,如图 6-2-18 所示,单击"确定"按钮。在打开的授权码页面选中"开启"单选按钮,如图 6-2-19 所示。

在随后弹出的对话框中输入注册邮箱手机号获取的验证码,弹出"设置授权码"对话框,如图 6-2-20 所示。在其中输入授权码,单击"确定"按钮,并在接着显示的对话框中继续单击"确定"按钮,开启 POP3/SMTP/IMAP 服务功能。

图 6-2-17　POP3/SMTP/IMAP 设置页面

图 6-2-18　"提醒"对话框

图 6-2-19　授权码开启页面

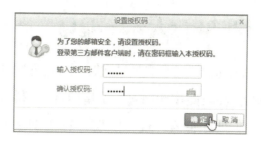

图 6-2-20 "设置授权码"对话框

【小提示】

当第三方邮件客户端登录邮箱时，登录密码是 POP3/SMTP/IMAP 服务开启时设置的授权码，此授权码与邮箱密码最好不同，防止电子邮件收发软件密码泄露造成邮箱安全隐患。

步骤 17： 单击邮箱顶部的"退出"按钮退出邮箱，再次登录邮箱需要重新输入密码。

相关知识

126 邮箱一般储存邮件不超过 8000 封，通过升级可没有容量限制，邮件处理速度快，能达到每秒 10000 封，垃圾邮件及病毒有效拦截率高，分别在 98%、99.8% 以上。支持大邮件附件，支持的普通附件最大为 50MB，云附件最大为 15GB。邮箱具有网盘功能，其容量最高为 8GB。网易手机邮箱不仅可以将手机号作为邮箱账号，还具有同步手机通讯录、备份短信等功能，更方便电子邮箱与手机同步操作。

做一做

1. 申请一个免费的 126 在线电子邮箱。
2. 将几位常用联系人的信息（如姓名、电话号码、单位、电子邮箱）添加到该邮箱的通讯录中。
3. 选择一位朋友给他发送一封电子邮件，并将一张图片、一个 Word 文档作为信件的附件一起发送，发送完成后在"已发送"文件夹中将此信件删除。
4. 发送一封电子邮件，文字内容自定，附件选择一张美丽的风景图片，邮件同时发送给两位好友，发送时间定在第二天 13 时。
5. 给邮箱设置自动回复功能，确保收到他人邮件能及时回复。

任务3 乐在沟通每一天——QQ

随着社会发展，人们的生活节奏越来越快。为了更好地及时交流沟通，人们常常需要即时通信。最早人们使用寻呼机来即时通信，科技发展后，人们习惯于使用手机或网络通信工具即时通信。现在随着计算机网络普及，网络即时通信工具凭借自身的功能优势，已成为人们最常使用的即时通信方式。网络即时通信工具软件被人们广泛应用于生活、工作等各个领域，人们用它完成简单的公文流转、日常通信交流等。

任务分析

网络即时通信工具有很多，世界知名的有 Facebook、Twitter、Skype 等。在我国腾讯 QQ 是用户最多的网络即时通信软件，它同样也是世界知名的软件。腾讯 QQ 功能日渐完备，主要具有发送消息、文件传输、文件共享、远程协助、语音 / 视频通话、网络会议等功能。下面我们一起来学习。

任务实施

使用腾讯 QQ 首先要申请一个 QQ 账号，为了网络安全，从 2017 年起申请 QQ 号时需要输入实名手机号，否则不能申请 QQ 账号。

步骤 1：打开 QQ 工具软件，在登录页面中单击"注册账号"按钮，软件自动打开用户默认网页浏览器，显示 QQ 注册页面，在其中输入格式正确的昵称、密码、用户手机号及短信验证码，如图 6-3-1 所示，单击"立即注册"按钮，进入链接页面，显示成功申请的 QQ 账号，该数字串用户一定要记牢，每次登录时使用。用户要注意 3 天内未及时登录腾讯 QQ，则此申请账号会被腾讯公司收回。

项目 6　信息传递你我他

图 6-3-1　注册 QQ 号网页

步骤 2：打开 QQ 工具，输入账号、密码，如图 6-3-2 所示，单击"登录"按钮，可成功登录 QQ 软件，打开如图 6-3-3 所示的 QQ 软件窗口。

图 6-3-2　登录界面　　　　　　　　　图 6-3-3　QQ 软件窗口

步骤3：单击QQ头像，弹出如图6-3-4所示的窗口。在窗口的左侧单击"更换封面"按钮，在"打开"对话框中选择计算机中的图片更换封面。单击QQ头像图标可以上传本地照片或挑选推荐头像更换默认头像。在窗口的右侧显示账号的基本信息，单击"编辑资料"按钮，弹出"编辑资料"对话框，在其中可以完善个人基本资料，输入个性签名等，完善后单击"保存"按钮，如图6-3-5所示。

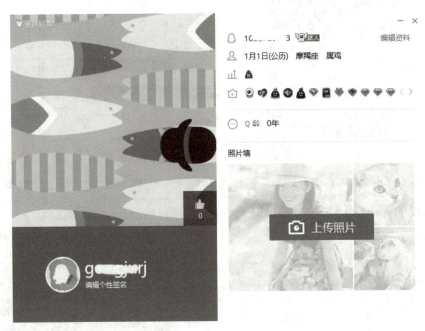

图 6-3-4　个人信息窗口

步骤4：单击QQ窗口中昵称右边的登录状态按钮，下拉菜单如图6-3-6所示，可以修改QQ登录状态。

步骤5：单击QQ窗口中头像右侧的4个图标，可以打开QQ的相关业务，依次为QQ空间、QQ邮箱、QQ会员中心、兴趣部落。鼠标指针移动到窗口右上部的天气图标上可显示当地近3天的天气预报。

步骤6：在QQ窗口中头像下方的搜索工具条中可以输入条件，搜索满足条件的好友、多人聊天、群、聊天记录，如图6-3-7所示。

步骤7：QQ窗口左下角是"主菜单"按钮，其下拉菜单中主要包括升级、安全、文件助手、消息管理器、设置等功能，如图6-3-8所示。

步骤8：选择"主菜单"→"设置"选项，弹出"系统设置"对话框，如图6-3-9所示。在此对话框中可以进行QQ软件的基本设置、安全设置、权限设置。

项目 6　信息传递你我他

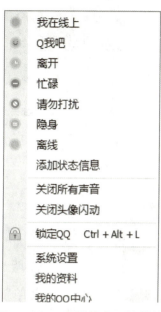

图 6-3-5　"编辑资料"对话框

图 6-3-6　登录状态下拉菜单

图 6-3-7　搜索结果页面

图 6-3-8　QQ 主菜单

163

图 6-3-9 "系统设置"对话框

步骤 9：选择"主菜单"→"消息管理器"选项，弹出"消息管理器"对话框，软件已将消息分类，用户可以方便地分类查看、查找消息。选择群组名称或联系人名称并右击，在弹出的快捷菜单中可以导出、删除消息记录，如图 6-3-10 所示。

图 6-3-10 "消息管理器"对话框

步骤 10：选择"主菜单"→"文件助手"选项，弹出"文件助手"对话框，如图 6-3-11 所示，在其中可以查看、编辑用户文件。软件提供分类查看文件的功能，还可以根据时间、来源、类型筛选文件。软件还提供了批量操作功能，用户可以将文件批量复制、删除、发送到手机。选中若干文件后在文件主题上右击，在弹出快捷菜单中选择"转发"选项，用户可以转发文件等。

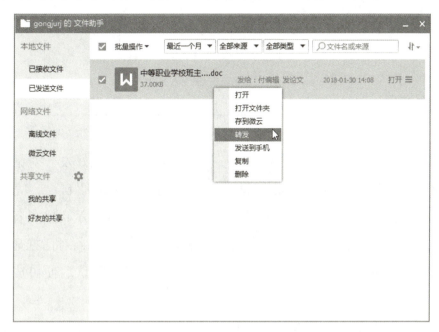

图 6-3-11 "文件助手"对话框

步骤 11：单击"加好友"按钮，弹出"查找"对话框，用户可以通过查找向通讯录中添加好友、加入群聊。知道对方 QQ 号时添加好友，如图 6-3-12 所示，输入对方 QQ 号，单击"查找"按钮，对话框中会显示查找结果，如图 6-3-13 所示。

图 6-3-12 "查找"对话框（1）

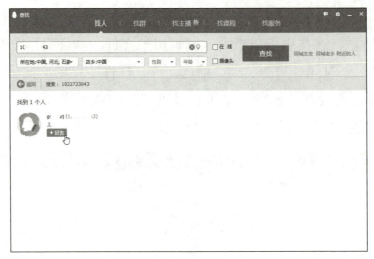

图 6-3-13 "查找"对话框（2）

单击查找联系人头像旁的"+好友"按钮，打开"添加好友"对话框，如图 6-3-14 所示，输入验证信息，此信息内容一般是向对方介绍自己，完成后单击"下一步"按钮，进入"添加好友"第二步，如图 6-3-15 所示，输入备注姓名和好友分组，单击"下一步"按钮，进入"添加好友"第三步，对话框显示等待对方确认，单击"完成"按钮，如图 6-3-16 所示，当对方确认后便可成为好友聊天留言。

步骤 12： 收到他人加好友请求，打开消息后弹出"验证消息"对话框，如图 6-3-17 所示，单击申请人昵称，会弹出页面显示此人的基本信息，可以同意、拒绝或忽略，同意后便可添加对方为好友，进行聊天。

图 6-3-14 "添加好友"第一步

图 6-3-15 "添加好友"第二步

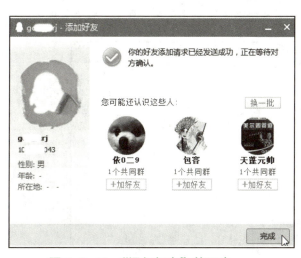

图 6-3-16 "添加好友"第三步

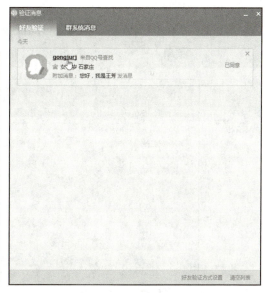

图 6-3-17 "验证消息"对话框

步骤 13：单击 QQ 窗口的"联系人"标签，此标签显示用户联系人分组，可以分组查看联系人。选择分组名称并右击，弹出快捷菜单，如图 6-3-18 所示，此快捷菜单提供实现添加分组、重命名、对该分组隐身/可见的功能。在标签页空白处右击，弹出快捷菜单，如图 6-3-19 所示，此菜单提供修改联系人显示方式功能。选择联系人名称并右击，弹出快捷菜单，如图 6-3-20 所示，此菜单提供对该联系人发送消息、发送邮件、查看资料、修改备注、删除好友等功能。

步骤 14：双击联系人名称，可打开与该联系人的聊天窗口，在"写消息"文本框中输入文字就可发送消息，开始聊天，如图 6-3-21 所示。

图 6-3-18 "分组"快捷菜单

图 6-3-19 "联系人"标签页快捷菜单

图 6-3-20 "联系人"名称快捷菜单

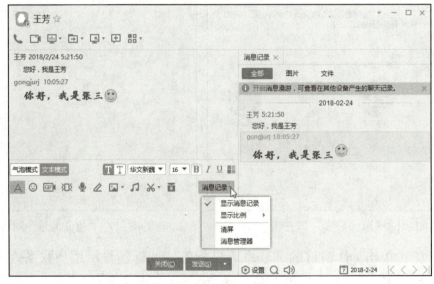
图 6-3-21 双人聊天窗口

步骤 15： 在聊天窗口中，单击联系人头像下方的几个工具按钮，用户可以发起语音通话、发起视频通话、远程演示、传送文件、远程桌面、发起多人聊天等。在"传送文件"下拉菜单中选择"发送文件/文件夹"选项，如图 6-3-22 所示，弹出"发送文件/文件夹"对话框，如图 6-3-23 所示，在其中选择发送的文件，单击"发送"按钮，文件即可发送出去，对方会收到消息，查看或保存文件。

图 6-3-22 "传送文件"下拉菜单　　图 6-3-23 "发送文件/文件夹"对话框

如果对方没有在线，那么可以单击"传送文件"标签页中的"转离线发送"链接，如图 6-3-24 所示，将发送的文件转为离线文件发送，发送完成后"消息记录"标签页显示如图 6-3-25 所示。

图 6-3-24　发送文件"传送文件"标签页

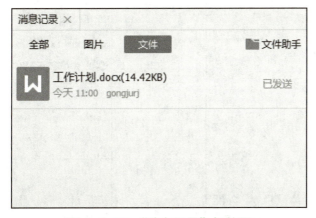

图 6-3-25　"消息记录"标签页

步骤 16：接收他人离线文件，可以在打开聊天窗口后单击"传送文件"标签页中的"接收"或"另存为"链接，如图 6-3-26 所示。使用"远程桌面"按钮可以实现远程控制对方按钮，可以用此功能帮助对方解决计算机问题。

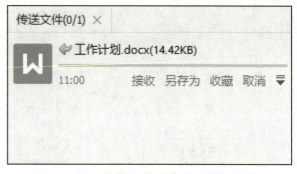

图 6-3-26 接收文件"传送文件"标签页

步骤 17：在聊天窗口中，用户使用"写消息"文本框上面的 10 个工具按钮，可以修改文字格式、发送语言消息、发送图片、屏幕截图等。在"消息记录"下拉菜单中选择"显示消息记录"选项，见图 6-3-21，打开右侧扩展窗口，在其中可以查看历史消息，也可以找到历史图片、文件重新下载。写消息可以选择气泡、文本两种模式，文本模式可以设置文字字体格式。

步骤 18：QQ 支持同时打开多个聊天窗口。在 QQ 窗口中，打开"会话"标签页可以显示 QQ 软件保存的所有会话，包括群聊及多人聊天会话，如图 6-3-27 所示。

步骤 19：QQ 窗口中的"群聊"标签页，有 QQ 群、多人聊天、直播间 3 个子页面，可以打开已加入的群聊，进行多人聊天，如图 6-3-28 所示。

图 6-3-27 "会话"标签页

图 6-3-28 "群聊"标签页

步骤20：选择"创建"→"发起多人聊天"选项，弹出"发起多人聊天"对话框，在其中选择多位联系人可创建多人聊天组。多人聊天与双人聊天类似，聊天内容对组内的所有人公开，方便多人一起讨论问题，共享、传输文件。

步骤21：选择"创建"→"创建群"选项，弹出"创建群"对话框，在第一步中选择群类别，如图6-3-29所示。

图 6-3-29 "创建群"第一步

单击"下一步"按钮，进入第二步，填写群信息，如图6-3-30所示。单击"下一步"按钮，进入第三步，添加群成员，如图6-3-31所示，单击"完成创建"按钮即可创建新群，并成为群主。

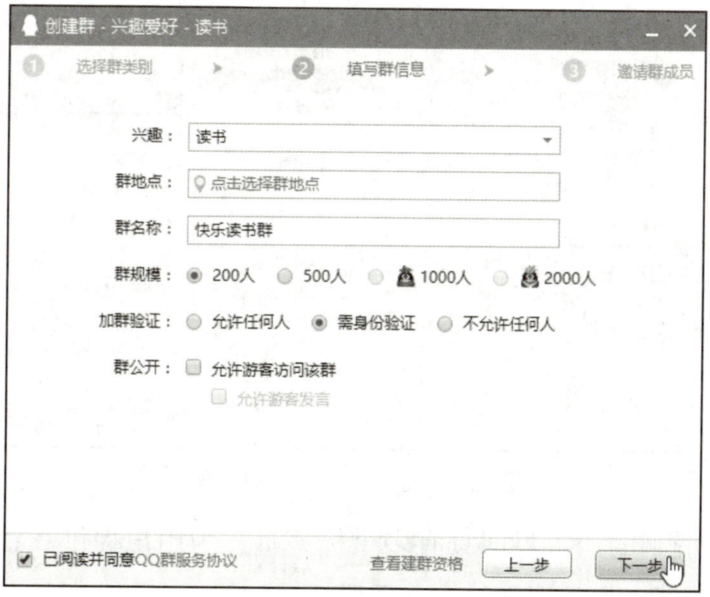

图 6-3-30 "创建群"第二步

步骤22：群聊的消息界面如图6-3-32所示，选择"设置"→"群消息设置"→"接收消息但不提醒"选项，用户可以只接收群消息不提醒，这也是当群消息过多时，避免提醒烦扰常用方法，QQ 软件还提供其他群消息设置方便用户。"设置"菜单还为用户提供修改群名片、查看群资料、邀请好友入群等功能。

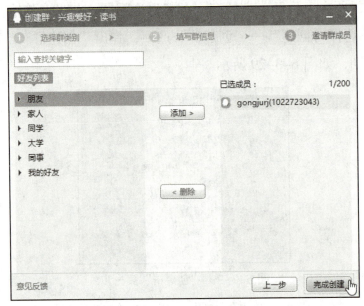

图 6-3-31 "创建群"第三步

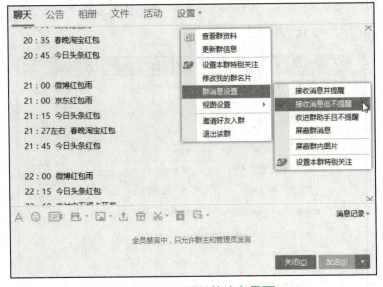

图 6-3-32 群聊的消息界面

上传及下载群文件

步骤 23：群聊的消息界面具有多个标签页，为用户提供查看聊天记录、查看公告、查看相册、查看群文件、查看群活动功能。在"文件"标签页中，用户不仅可以查看群文件，也可以上传群文件、单个或批量下载群文件，如图 6-3-33 所示。

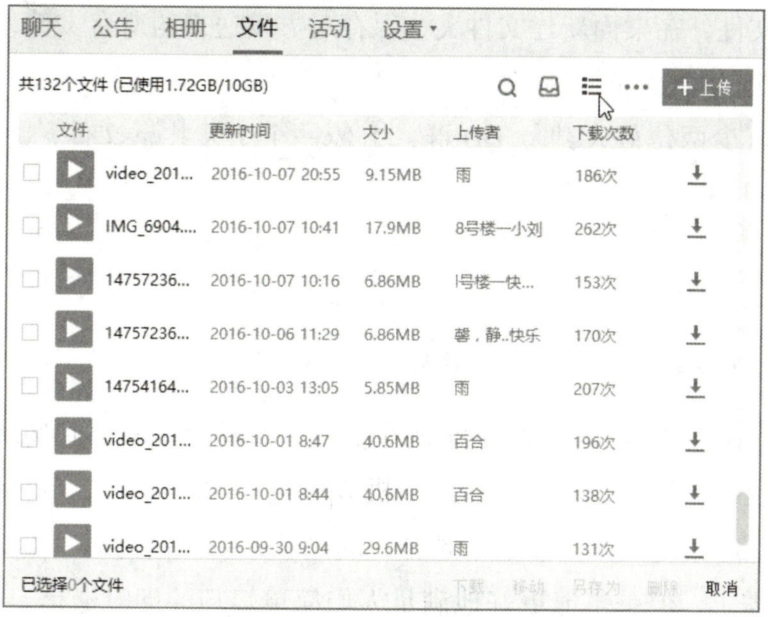

项目6 信息传递你我他

图 6-3-33 群文件界面

【小提示】

每个群只有一个群主，拥有群的全部操作权限，群主用户可以将群主权限转让给群内其他成员。普通群成员需要提高权限，可由群主设置其为群的管理员。一个群可以有多个管理员，管理员也拥有发布公告等高级权限。

相关知识

腾讯 QQ 是 1999 年 2 月由腾讯公司自主开发的一款网络即时通信工具。经过不断地版本完善更新，腾讯 QQ 现已成为一款功能完善的跨平台即时通信工具。2003 年，QQ 推出手机 App 让人们将 QQ 安装到手机中，更是方便人们利用无线网络随时随地通信交流。腾讯 QQ 的相关业务也越来越多并且拥有大量用户，如 QQ 邮箱、QQ 空间、QQ 音乐、QQ 浏览器、QQ 输入法、QQ 影音、QQ 游戏等。

做一做

1. 在计算机中下载安装最新版本的腾讯 QQ。
2. 注册一个 QQ 号，根据个人喜好修改头像等个人基本设置。
3. 添加至少 10 位好友，将好友分为两组（如家人、同学）。
4. 选一位好友进行语音、视频、文字聊天，分别以在线和离线形式与好友相

173

互传送几个文件，在桌面新建文件夹，保存对方发送来的所有文件，说说在线文件和离线文件应用的不同。

5. 选择至少两位好友建立QQ群，上传一个7天共享文件，上传一个永久文件。

任务4　工作生活新方式——微信

近几年，随着手机4G网络快速地在我国全面覆盖以及公共场所免费无线网络的大量普及，人们越来越多地使用手机App进行即时通信。腾讯QQ不断升级完善，其体量越来越大，功能越来越全，满足了人们工作沟通、生活交流、娱乐社交等诸多需求，但是不能更好地满足人们简单轻巧的即时通信、社交的需求。于是2011年，腾讯公司推出了一款全新的为智能终端（手机、平板电脑等）提供即时通信服务的免费应用程序——微信。2014年，腾讯公司又推出电脑版微信，人们可以在计算机上使用微信，与手机同步微信的聊天记录、通讯录等。

任务分析

手机微信的一部分功能与QQ类似，操作方法也类似，而电脑版微信的功能要简单很多。使用电脑版微信软件，人们编辑会话输入大量文字信息时就可以使用键盘，很方便。人们也可以发起两人或多人会话、传送文件、收藏分享，下面一起来了解学习电脑版微信。

任务实施

下载安装电脑版微信，打开电脑版微信软件后，要配合手机微信应用才能登录。

电脑版微信

步骤1： 双击用户计算机中电脑版微信图标，首先打开的是登录窗口，如图6-4-1所示，使用手机微信"扫一扫"功能，扫描登录窗口中显示的二维码，然后从手机端确认登录，并同步最近消息，即可完成电脑版微信软件登录。

图 6-4-1　微信登录窗口

步骤 2：打开电脑版微信后，选择窗口左下角的"更多"→"设置"选项，如图 6-4-2 所示，打开设置窗口。

图 6-4-2　微信窗口

步骤 3：设置窗口有 4 个标签页。"账号设置"标签页：用户可以退出登录；"通用设置"标签页：可以修改微信文件的默认保存位置，可以设置开机自动启动微信、微信消息提醒声音等，如图 6-4-3 所示；"快捷按键"标签页：用户可以根据自己的习惯，设置发送消息、截取屏幕、打开微信等快捷键；"关于微信"标签页：用户可以检查微信版本，更新微信，查看软件帮助信息。

步骤 4：单击微信主界面的"通讯录"按钮，打开微信通讯录，用户可以看到"新的朋友"提醒、关注的"公众号"以及所有联系人。使用窗口顶端的搜索工具，可以设置条件搜索联系人。打开"公众号"标签页，里面会显示所有用户关注的公众号，在公众号图标上右击，在弹出的快捷菜单中可以实现发消息、发送名片、取消关注的操作。单击公众号图标，在打开的菜单中单击"进入公众号"按钮，如图6-4-4所示，可进入公众号。

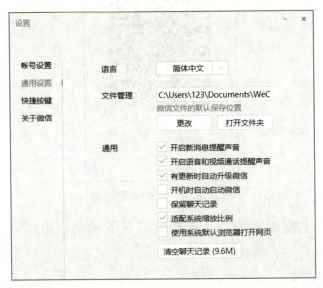

图6-4-3 "设置"的"通用设置"标签页

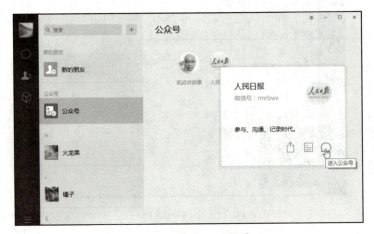

图6-4-4 微信通讯录窗口

步骤5：进入一个公众号后微信软件会自动切换到"聊天"窗口。单击公众号发布消息的标题，微信会在新窗口显示其内容，如图6-4-5所示。在此页面中可以调整显示文字字体大小、复制链接、用浏览器打开、转发给朋友和收藏。用默认浏览器打开链接后，便可以保存、打印此页面的内容。

步骤6：在微信的通讯录界面中，单击某一联系人可以看到该联系人的基本信息，单击"发消息"按钮可以自动跳转到微信聊天页面，与其进行会话，如图6-4-6所示。

图 6-4-5　公众号内容页面　　　图 6-4-6　联系人信息窗口

步骤 7：在微信的聊天窗口中可以同步显示手机上保存的聊天记录，如图 6-4-7 所示，顶端的搜索工具可以设置条件搜索聊天对象，单击聊天对象名称就可以开始聊天。单击"更多"按钮，显示聊天拓展功能隐藏页面，可以在其中添加聊天对象、设置消息免打扰、置顶聊天。位于聊天内容输入文本框上方的几个工具按钮从左到右，功能依次为表情、发送文件、截屏、聊天记录、语音聊天、视频聊天，单击"发送文件"按钮，弹出"打开"对话框，选择要发送的文件，单击"打开"按钮，如图 6-4-8 所示，完成文件的发送。

图 6-4-7　微信聊天窗口

图 6-4-8 "打开"对话框

步骤 8：选择聊天记录中的文件主题并右击，在弹出的快捷菜单中，用户可以撤回、转发、另存为历史消息等，如图 6-4-9 所示。

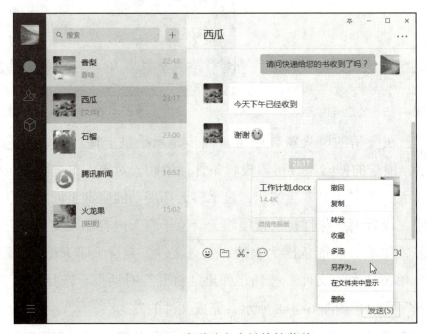

图 6-4-9 发送消息右键快捷菜单

用户收到的文件不能撤回，可以转发、另存为等，快捷菜单如图 6-4-10 所示，使用其中的"多选"选项可以实现对多条聊天记录的统一操作，如图 6-4-11 所示。

步骤 9：通讯录界面中，单击"发起群聊"按钮可以实现群聊功能，如图 6-4-12 所示。

在弹出的新窗口中选择多个联系人，单击"确定"按钮，如图 6-4-13 所示，新建群聊完成。

项目6　信息传递你我他

图6-4-10　接收消息快捷操作弹出菜单

图6-4-11　多选操作界面

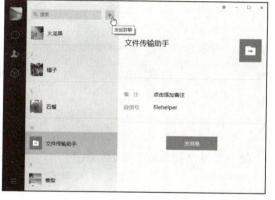

图6-4-12　通讯录"文件传输助手"窗口

图6-4-13　选择群聊对象窗口

步骤10：在微信的通讯录页面中，单击"文件传输助手"按钮，显示"文件传输助手"标签，如图6-4-12所示，单击"发消息"按钮，打开文件传输助手页面，在其中可以通过聊天的方式实现计算机与手机文件传输，操作与两人聊天相同。

步骤11：在微信的主窗口中打开收藏页面，可以分类查看收藏，也可以使用搜索工具按条件查找收藏内容。选择收藏主题并右击，弹出的快捷菜单为用户提供了转发、复制地址、删除等功能，如图6-4-14所示。单击收藏主题会弹出新窗口，显示收藏链接内容，单击"用默认浏览器打开"按钮，可以在网页浏览器中浏览

图6-4-14　微信收藏窗口

链接内容并可保存、打印。

相关知识

手机微信应用可以跨通信运营商、跨操作系统平台运行，支持多种语言。它可以通过网络快速发送免费文字或语音信息、视频、图片，也提供朋友圈、扫一扫、摇一摇、漂流瓶、附近的人、钱包等服务插件。两大移动支付之一的微信支付是集成在微信客户端的一个支付功能，用户可以通过手机完成快速的支付流程。微信支付向用户提供安全、快捷、高效的支付服务，以绑定银行卡的快捷支付为基础。通过手机微信应用中第三方服务还可以购买火车票、外卖、电影票等。微信为人们的日常生活、工作提供了极大的便利。

做一做

1. 在计算机中下载安装电脑版微信软件。
2. 配合手机微信，完成登录及信息同步。
3. 向一位好友发送一条语音信息。与好友互发几张图片，快速撤回一条自己发送的图片信息，保存一张对方发来的图片。
4. 建立至少3人的群聊。
5. 打开微信收藏夹，选择其中的一条收藏发给一位好友。

项目 7

辅助办公小能手

- 便携文档轻松阅——Adobe Reader
- 方便快捷绘导图——XMind
- 协同合作编文档——腾讯文档
- 日常会议网上搬——腾讯会议

子曰："工欲善其事，必先利其器"，在工作中如果有几个得心应手的小软件肯定会事半功倍。它们能够很好地帮助我们解决各种问题，如 PDF 文档阅读、把思想碰撞成果绘制成导图、线上共同完成文档、组织网络会议等。本项目将详细介绍几个辅助办公小能手，通过几个任务的学习，会使你的工作更高效、更快捷。

> **能力目标**
> 1. 学会使用文件阅读器，能熟练阅读和查找、复制 PDF 文件内容。
> 2. 能够使用 XMind 绘制思维导图。
> 3. 掌握腾讯文档应用，能够协同合作线上编辑文档。
> 4. 能够使用腾讯会议组织召开网络会议。

任务1　便携文档轻松阅——Adobe Reader

Adobe Reader 是一个查看、阅读、打印和管理 PDF 文件的、免费的优秀工具。在 Adobe Reader 中打开 PDF 文件后，可以使用多种工具快速查找信息。PDF 文档的撰写者可以向任何人分发自己的 PDF 文档而不用担心文档格式混乱甚至被恶意篡改。

任务分析

为了使文件在传输（比如用邮件发送、外部存储设备等）过程中内容和格式不受影响，目前 PDF 格式非常流行，而且 Word 文档可以方便地转换为 PDF 格式。要阅读和查看 PDF 文件，可以使用专门的文件阅读器——Adobe Reader。

任务实施

Adobe Reader
软件的基本操作

首先要下载 Adobe Reader 软件并安装到计算机中，下面以版本 11 为例来学习 Adobe Reader 文件阅读器的使用方法。

1. 查看 PDF 文档

步骤 1：双击运行 Adobe Reader 软件，打开软件主界面，如图 7-1-1 所示。

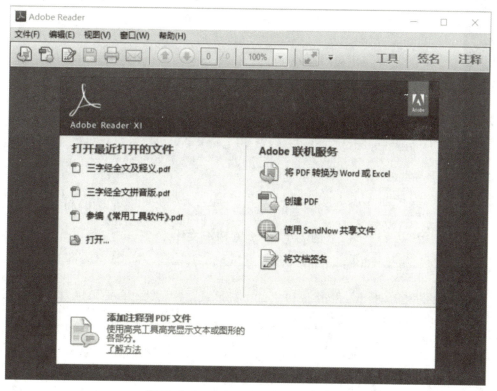

图 7-1-1　Adobe　Reader 主界面

步骤 2：单击界面中间的"打开"图标并选择要打开的 PDF 文件，即可浏览选择 PDF 文件内容，一般安装 Adobe Reader 阅读器后即可与 PDF 文档自动关联，直接双击 PDF 文档可快速打开，如图 7-1-2 所示。

步骤 3：单击主窗口左侧的"页面缩略图"图标 ，即可打开长文件的缩略图，根据需要选择要浏览的页面，如图 7-1-3 所示。

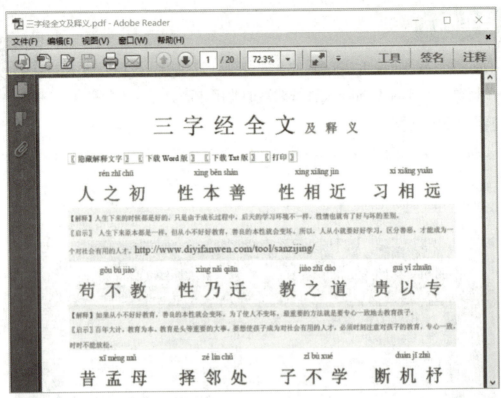

图 7-1-2　浏览 PDF 文件

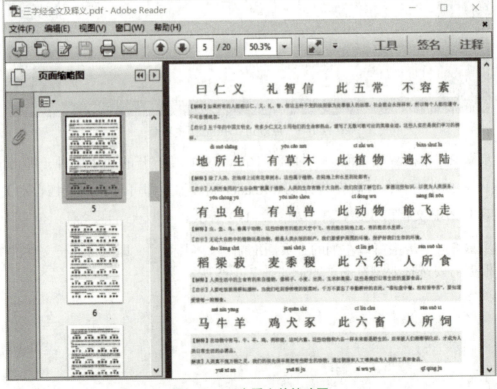

图 7-1-3　查看文件缩略图

2. 选择和复制文档内容

在 Adobe Reader 文件浏览窗口中，直接在正文中按下鼠标左键并拖动选取要选择的内容，松开鼠标后，在高亮显示的所选内容上右击，在弹出的快捷菜单中选择"复制"选项，如图 7-1-4 所示，即可把所选内容复制到剪贴板上，可在如 Word 或记事本等文字处理软件中粘贴使用。

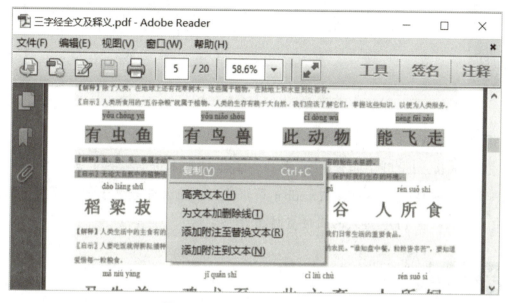

图 7-1-4　选取并复制文件内容

PDF 文件也可以通过 Adobe Reader 菜单栏中的"文件"→"另存为其他"→"文本"命令，直接把 PDF 文件保存为文本文件。

【小提示】

PDF 文件有两种情况不能复制文字。一种是非标准内码，复制过程能实现，但贴出来全是乱码。还有一种就是曲线化文字，所有文字都变成了矢量图，根本就不能按文字进行选择。

3. 快速查找定位

在 PDF 文档阅读过程中，可以通过查找功能快速定位。

执行 Adobe Reader 菜单栏中的"编辑"→"查找"命令，打开查找对话框，在其中输入要查找的内容后，单击"下一步"按钮，即可在整个文件中显示找到的结果，如图 7-1-5 所示。

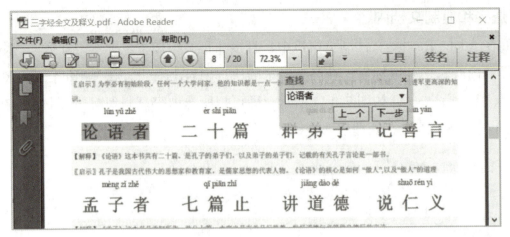

图 7-1-5　查找文本

【小提示】

　　Adobe Reader 用于阅读 PDF 文档，不能对文本进行修改。如果需要编辑 PDF 文档，可以使用 Adobe Acrodbat 等软件。在绝大部分电子邮件应用研究程序中，可以双击 PDF 格式的附件直接打开。

相关知识

　　PDF 的英文全称为 Portable Document Format，译为可移植文档格式，是一种电子文件格式。这种文件格式与操作系统平台无关，越来越多的电子图书、产品说明、公司文告、网络资料、电子邮件开始使用 PDF 格式文件。PDF 文件具有如下突出特点：

　　（1）具有与设备无关的页面描述和较为固定的文件结构。这样，每个 PDF 文件就可以在不同的计算机平台（如 Windows、Mac OS 和 UNIX 操作系统）上显示，并且显示的结果具有一致的外观。

　　（2）高效的数据压缩。PDF 支持多种标准压缩方式，如 JPEG、CCITT Group 3、CCITT Group 4、LZW 等，并且针对页面上不同的对象采取不同的压缩方式，这样可保证 PDF 轻巧灵活、便于移植。

　　（3）字体的独立性。PDF 文件包含一个描述所用到的各种字体的"字体描述器"，其中包含字体名、字符规格和字体风格信息。如果应用 PDF 的系统缺少某种字体，就可利用"字体描述器"中的信息来模拟该字体，这样就能保证 PDF 中的任何文本都能被准确还原。

（4）页面的随机存取。PDF 文件通过"交叉引用表"可以直接存取指定页面和指定对象的信息。

（5）支持多媒体信息。PDF 文件中不仅可以包含文字、图形和图像等静态页面信息，还可以包含音频、视频和超文本等动态信息。

PDF 文件格式的设计目的就是印刷出版和电子出版，网络出版出现后，PDF 照样找到了自己的用武之地。PDF 天生带有符合跨媒体出版要求的特征，因为它植根于 PostScript 技术，继承了该技术的所有优点。此外，在 PDF 中还集成了显示 PostScript 技术，以求得硬复制输出和显示效果的一致性。

知识拓展

1. 使用 Word 自带的转换功能将 Word 文档转换为 PDF 文档

打开要转换格式的 Word 文档，选择"文件"菜单中的"导出"选项，如图 7-1-6 所示，弹出"另存为"对话框，"保存类型"选择"PDF"，并设置好文件名和保存路径，单击"保存"按钮即可完成转换。

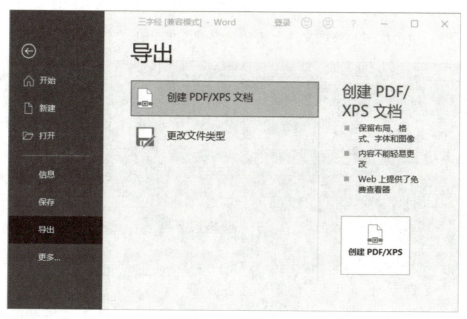

图 7-1-6　导出 PDF

2. 利用"福昕 PDF 转 Word"把 PDF 文档转换成 Word 文档

步骤 1：打开福昕官网（https://www.foxitsoftware.cn），找到并下载"福昕 PDF 转 Word"软件，如图 7-1-7 所示，单击"拖入 PDF 文件或单击添加文件"区域，添加要转换的 PDF 文件，一次可以添加多个文件。

图 7-1-7　福昕 PDF 转 Word

步骤 2：也可单击"添加文件"按钮，继续添加 PDF 文件，如图 7-1-8 所示。

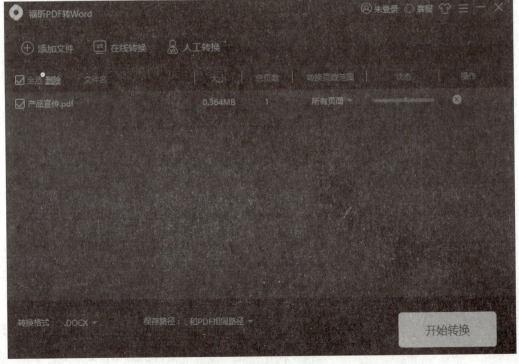

图 7-1-8　添加文件

步骤 3：单击"保存路径"下拉按钮，可以自定义保存路径，也可以选择默认的"和 PDF 相同路径"，然后单击"开始转换"按钮，当"状态"为"转换成功"时，即完成了文件的转换，如图 7-1-9 所示。

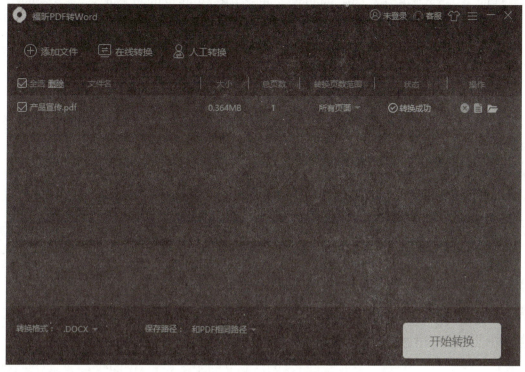

图 7-1-9　设置保存路径

做一做

1. 打开"D:\素材\项目 7\三字经全文及释义 .pdf"文件，查找"莹八岁，能咏诗"并仔细阅读说明，文中的"莹"指的是谁？

2. 把上题中的文件"三字经全文及释义 .pdf"保存为 TXT 文本文件"三字经 .txt"。

3. 把上题中"三字经 .txt"除正文以外的注释内容去掉，只保存《三字经》正文内容，保存名为"三字经正文"。

任务2　方便快捷绘导图——XMind

思维导图是一种将思维进行可视化的实用工具。具体实现方法是，用一个中心关键词，去发散并引发相关的想法，再运用图文并重的技巧把各级主题的关系用相互隶属与相关的层级表现出来，把主题关键词与图像、颜色等建立记忆链接，最终将想法用一张放射性的图有重点、有逻辑地表现出来。

本任务将以 XMind v11.0.2 版本为例进行讲解。

任务分析

XMind 是表达发散性思维的有效图形思维工具，它简单却又高效，是一种实用性的思维工具，每个关节点代表与中心主题的一个连接，而每一个连接又可以成为另一个中心主题，再向外发散出成千上万的关节点，呈现出放射性立体结构。XMind 可以将纷繁复杂的想法、知识和信息，如学习笔记、会议纪要、项目需求等简化成一张张清晰的思维导图，以结构化有序化的方式呈现，提高归纳、学习和记忆的效率，方便展示和讲解。

任务实施

步骤1： 运行 XMind 后，可以创建空白图，可以选择已有主题创建，也可以在图库里打开模板，如图 7-2-1 所示。还可以执行"文件"—"导入"命令，导入其他文件格式的文件。

使用 XMind 制作思维导图

步骤2： XMind 默认有一个中心主题和 3 个分支主题，按 Tab 键添加子主题，按 Enter 键添加同级别主题，双击空白处添加自由主题。如图 7-2-2 所示，选中主题，在工具栏中单击对应的按钮即可添加联系、外框、概要、笔记，如图 7-2-3 所示。其中概要、联系、外框等主题元素的含义如图 7-2-4 所示。

步骤3： 修改"中心主题"为兰州牛肉面。修改并添加子主题，为一清、二白、三绿、四红、五黄。对子主题再次添加子主题，分别是汤清、萝卜白、香菜蒜苗、辣子、面条黄亮（对"五黄"子主题添加工具栏的"概要"，内容是面条黄亮）。对"五黄"子主题添加 5 个子主题，分别是大宽、二宽、韭叶、一窝丝、荞麦棱。

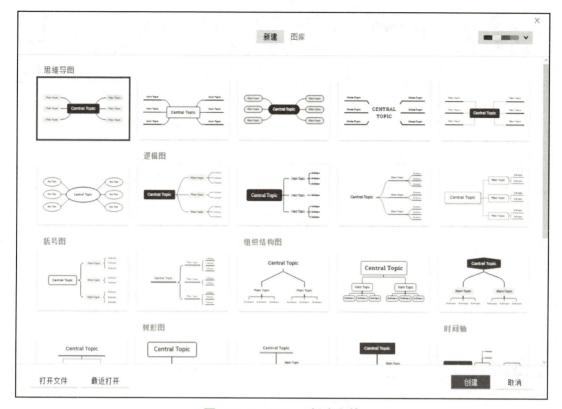

图 7-2-1　XMind 新建文件

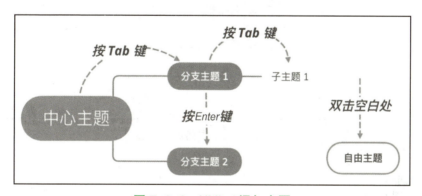

图 7-2-2　XMind 添加主题

图 7-2-3　XMind 工具栏

图 7-2-4 XMind 概要、联系、外框的含义

XMind 的右上角可以单击"面板"按钮,在"样式面板"中可以修改字号。在右侧的"画布面板"修改配色方案,选中"彩虹分支"和"线条渐细"复选框。最终效果如图 7-2-5 所示。

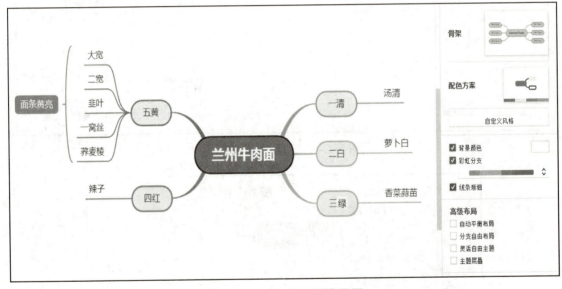

图 7-2-5 牛肉面思维导图

相关知识

1. 为什么要用思维导图

思维导图的可视化,可以让思维清晰可见,有效分清主次,发现和厘清想法间的关联。这是一种更高效的思维方式,具体体现在以下几方面。

(1)发散思维:从一个点往外不断地进行联想和发散,尽可能多地去寻找解决方案。

（2）聚合思维：把相同的想法和观点进行归类、概括和总结，提炼共同点。

（3）形象思维：把抽象的想法和概念画出来，用画图的方式来直观表示思考的内容。

（4）压缩/提炼信息：运用关键词，将大量的信息进行压缩和提炼。

（5）结构化思维：将想法根据一定的规律和逻辑，有层次地进行归类和处理。

（6）逻辑思维：在可视化思维的基础上，对想法进行比较、分析、概括、推理等。

把混乱的思维进行梳理，把抽象的思维图像化，把繁多的信息进行提炼，让思考更有逻辑，想问题更有条理，创意时激发更多想法，这正是思维导图作为生产力工具的高效所在。

2. 思维导图的应用场景

思维导图通常可以应用于以下场景。

（1）做笔记：读书笔记、课堂笔记、学习笔记、知识要点、会议纪要等。

（2）逻辑思考：问题优劣势分析、任务逾期分析、做决策、整理思路等。

（3）做计划：个人年度计划、周计划、日计划、旅游计划等。

（4）灵感/创意：创意思考、头脑风暴、写作框架、研发计划。

（5）项目管理：组织人员管理、任务拆解/分配、需求梳理。

（6）整合信息：信息的收集、整理和传递，提高沟通效率。

（7）做报告：周报、月报、季度报、年报等。

（8）演示：教学、演讲、方案和思路展示、个人简历等。

（9）辅助记忆：提炼记忆要点、搭建知识体系、英语知识点整理等。

此外，还有各种小众的应用场景，比如，用思维导图来分析电影的叙事、整理故事发展脉络和逻辑等。总体来说，不管是学习、工作或是生活的各个场景，凡是涉及思考的事情，都可以用思维导图来帮你厘清思路、完善思维逻辑、激发更多创意，从而真正提高思维的效率。

3. XMind 的多种结构

XMind 提供多种思维结构可供选择。

（1）平衡图（思维导图）：思维导图最基础的结构，可用来发散和纵深思考。

（2）逻辑图（向左/向右）：表达基础的总分关系或分总关系等。

（3）组织结构图（向上/向下）：可以做组织层次的人员构成或金字塔结构。

（4）时间轴（水平/竖直）：表示时间顺序或者事情的先后逻辑。

（5）鱼骨图（向左/向右）：用来进行事件分析、因果分析、问题分析等。

（6）矩阵图（行/列）：可以用来做项目的任务管理或个人计划，对比分析。

（7）自由结构：利用自由主题和联系进行自由组合，随意组织思维。

可以根据思维的层次来进行不同结构的选择，甚至混用各个结构，用恰当的思维方式，来表达你脑中的复杂想法。8种常见的思维导图类型如图7-2-6所示。

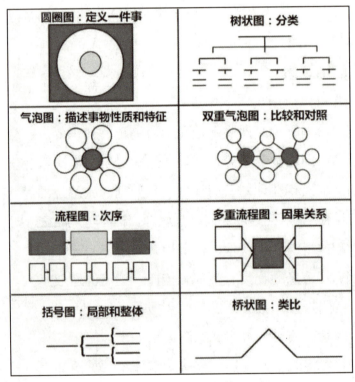

图7-2-6　8种常见的思维导图类型

拓展知识

思维导图软件可以分为本地版和在线版。本地版软件除了有XMind，还有亿图脑图MindMaster、MindManager、iThoughts等。在线的思维导图软件有百度脑图和ProcessOn。

ProcessOn是一个在线协作绘图平台，为用户提供强大、易用的作图工具。支持在线创作流程图、思维导图、组织结构图、网络拓扑图、BPMN、UML图、UI

界面原型设计、iOS 界面原型设计等。同时，支持多人实时在线协作，依托于互联网实现了人与人之间的实时协作和共享。使用 ProcessOn 制作的思维导图如图 7-2-7 所示。

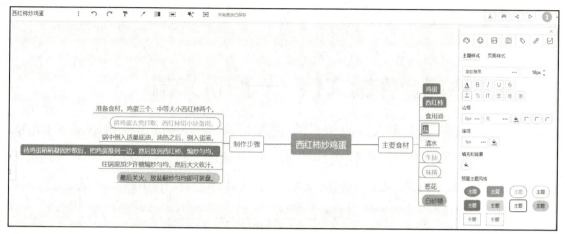

图 7-2-7　使用 ProcessOn 制作的思维导图

下面介绍其亮点——演示功能。演示功能可应用于小组会议、成果展示或项目报告等多种场景。

步骤 1： 在 ProcessOn 官网（https://www.processon.com/）输入手机号，接收验证码，单击"免费使用"按钮。

步骤 2： 左上角点击"新建"按钮，可以导入本地文件，也可以新建流程图、思维导图、原型图、UML 等。新建一个思维导图，选择系统提供的一个模板。编辑并修改思维导图的内容。

步骤 3： 单击窗口右上角的"演示"按钮，按住 Ctrl 键，同时按住鼠标左键拖曳选择思维导图的不同部分。一般先选择中心节点，再选择分节点，最后选择三级节点。选择的先后次序，就是演示时播放的先后次序。

步骤 4： 单击右上角的"开始演示"按钮，使用键盘上的方向键控制播放，按 Esc 键结束演示播放。

拓展任务

1. 使用 ProcessOn 创建团队，邀请好友共同编辑班级小组值日表。
2. 使用 ProcessOn 新建一个组织结构图，整理本班的班委名单和工作内容。

做一做

1. 使用 XMind 制作一个以包子为主题的思维导图,并美化。
2. 使用 XMind 制作一个组织结构图,整理自己的家庭关系。

任务3　协同合作编文档——腾讯文档

腾讯文档是一款可多人同时编辑的在线文档,支持在线 Word/Excel/PPT/PDF/收集表/思维导图/流程图多种类型。可以在电脑端(PC 客户端、腾讯文档网页版)、移动端(腾讯文档 App、腾讯文档微信/QQ 小程序)、iPad(腾讯文档 App)等多类型设备上随时随地查看和修改文档。打开网页就能查看和编辑,云端实时保存,权限安全可控。

任务分析

腾讯文档的主要功能是在线编辑、多人编辑、多端同步、实时保存、文档信息同步、文档分享,还有强大的文档转换能力,微软 Excel、Word 和 PPT 可与腾讯文档相互转换,另外在线收集表、打卡签到、实时翻译、共享文件夹、语音转文字等特色功能,在学习和工作过程中也是得力助手。本任务将以 PC 客户端腾讯文档 2.2.15(102) 版本为例进行讲解。

腾讯文档

任务实施

1. 创建在线编辑文档

腾讯文档的主要功能是在线编辑,下面首先创建一个在线编辑文档。

步骤 1:启动腾讯文档,进入其主页,如图 7-3-1 所示,在主页中可显示近期浏览和编辑过的文件(需要首先登录账号)。

图 7-3-1　腾讯文档主页

步骤 2：单击腾讯文档主页左上角或者主页下边中间的"+"按钮，打开"快速新建"窗口，如图 7-3-2 所示，然后根据所需要的文件类型，单击相应图标创建一个新的在线文件，这里以单击"在线文档"为例。

图 7-3-2　快速新建

步骤3：在弹出的空白文档中编辑文件内容，使用窗口的各种编辑命令和按钮可完成文字输入、格式设定、插入表格等操作，也可以单击窗口上方的"文档操作"按钮 ≡，导入已有文档或进行导出等操作，如图7-3-3所示。

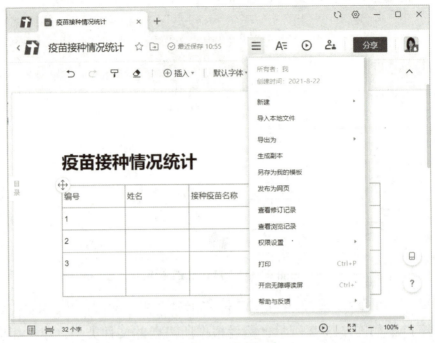

图7-3-3　创建文档

【小提示】
　　单击"快速新建"窗口中的"在线收集表"图标，可根据模板进行信息收集、签到打卡、信息接龙等。

2. 邀请他人在线编辑

　　创建好文档后，就可以在腾讯文档中邀请他人一起协作编辑文档了。

步骤1：打开要进行在线编辑的文档，单击上方的"邀请他人一起协作"按钮 ⊙，进行文档权限设置，如图7-3-4所示。

步骤2：设置好权限后，单击"邀请好友一起协作"按钮，在QQ好友或微信好友中选择协作人，发起在线文档协作邀请。如图

图7-3-4　协作文档权限设置

7-3-5 所示，就完成了在线编辑文档的创建。

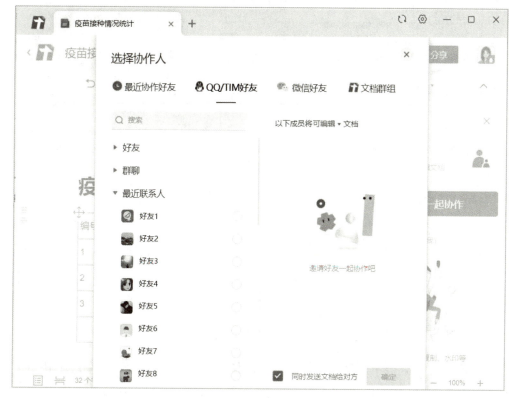

图 7-3-5　选择协作人

【小提示】

单击窗口右上角的"分享"按钮，也可以把文档分享给其他联系人，并且可以设置权限、添加水印、生成图片、生成二维码等。

3. 在线编辑协作文档

收到协作文档后，腾讯文档主页右上角的"通知中心"会有信息提示，单击后可查看近期协作文档，单击"查看"按钮可打开相应文档，并可以直接编辑，如图 7-3-6 所示。编辑完成后自动保存到云端，支持多人在线编辑同时保存不冲突。

4. 导出在线编辑文档

在线编辑文档协作完成后自动保存在云端，也可以根据需要导出 Word、电子表格等常用文件格式。

图 7-3-6　查看在线文档

打开在线文档，单击窗口上方的"文档操作"按钮≡，执行"导出为"→"本地 Word 文档（.docx）"命令，如图 7-3-7 所示，然后进行本地保存。

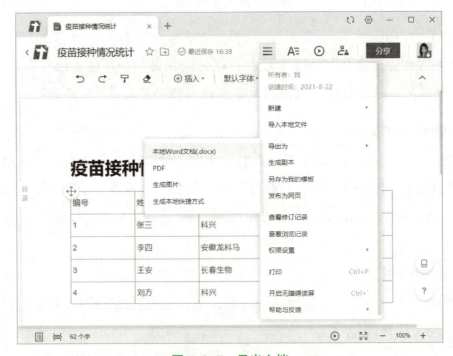

图 7-3-7　导出文档

做一做

1. 使用腾讯文档，对每个人目前所用手机的品牌、型号、价格进行统计。
2. 使用腾讯文档中的表格，以小组为单位，对大家的姓名、性别、出生日期、年龄、家庭住址、宿舍号等信息进行登记。
3. 使用腾讯文档中的"在线收集表"功能，下次上课前 5 分钟进行打卡签到。

任务4　日常会议网上搬——腾讯会议

腾讯会议是腾讯公司提供的一个基于互联网络的视频会议系统，它支持通过手机、计算机、小程序灵活入会，更独家支持微信一键入会；音视频智能降噪功能让会议沟通更顺畅；强大的会议管控功能，保证了会议的有序进行；在线文档协作、实时屏幕共享、即时文字聊天等功能也让会议协作更高效。

任务分析

在家办公或者出差到异地都可以使用腾讯会议，不仅可以加入会议，也可以预定新的会议，全方位提高办公效率。下面来了解腾讯会议的使用方法，主要是加入会议、预定会议和对会议的管理。

任务实施

腾讯会议

1. 快速加入会议

步骤1：腾讯会议客户端有计算机和手机两个版本，操作界面基本都是一样的，可以根据工作需要下载安装相应的客户端。双击打开腾讯会议，单击"加入会议"按钮，如图 7-4-1 所示。

步骤2：加入会议之前需要知道会议的会议号，在"会议号"文本框中输入，"您的名称"根据会议举办方要求输入参会者名称；关于会议设置，"自动连接音频"设置麦克风，如果不想让别人听到语音就不要开启该功能；选中"入会开启摄像头"复选框，如果计算机或者手机有摄像头设备且正常使用的话，进入会场后，参会人员就可以看到参会者真实场景。由于涉及个人隐私，此两项功能设置要慎重。参数设置好后单击"加入会议"按钮，就可以进入到会议中，如图7-4-2所示。

图7-4-1 腾讯会议

图7-4-2 加入会议

2. 预定会议

作为会议主办方，希望通过腾讯会议来在线开会，先要进行会议预定。

步骤1：在腾讯会议首界面，如图7-4-1所示，单击"注册/登录"按钮，打开用户登录界面，输入手机号码和密码，单击"登录"按钮即可进入会议主界面，也可通过"使用验证码登录"使用手机验证码登录，如果没有注册，需通过界面右下角的"新用户注册"先注册用户，如图7-4-3所示。

步骤2：单击主界面右上方的"预定会议"按钮，可进行会议预定，也可以加入列表中的相关会议，如图7-4-4所示。

步骤3：在"预定会议"编辑界面，设置"会议主题"，选择会议开始时间、结束时间等基本信息，单击"预定"按钮，即可完成会议预定，如图7-4-5所示。

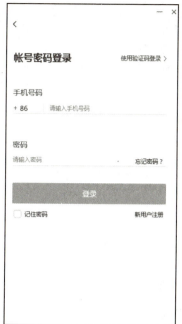

图7-4-3　用户登录

图7-4-4　预定会议

图7-4-5　预定设置

步骤4：预定成功后，会生成明细信息，可单击"复制会议号和链接"按钮发给与会者邀请参加会议，如图7-4-6所示。

步骤5：在腾讯会议主界面会议列表中会列出当前会议，鼠标指针移到会议名称上，也可选择"进入会议"，可进行复制邀请、修改会议、取消会议等操作，如图7-4-7所示。

图7-4-6　复制会议号和链接

图7-4-7　进入会议

3. 会议管理

步骤 1：用户登录腾讯会议后，可以单击左上方的头像进入设置界面，对个人资料进行编辑和修改。如图 7-4-8 所示。

步骤 2：在会议列表中，根据时间安排，单击会议名称后面的"进入会议"按钮，可进入会议主界面。通过界面底部的功能按钮可以实现解除静音、开启视频、共享屏幕、邀请、管理成员、聊天、录制、分组讨论、直播等主要功能，如图 7-4-9 所示。

步骤 3：通过"共享屏幕"，可根据实际情况共享内容，然后单击"确认共享"按钮，参会者就可以看到共享的内容了，如图 7-4-10 所示。

图 7-4-8　个人设置

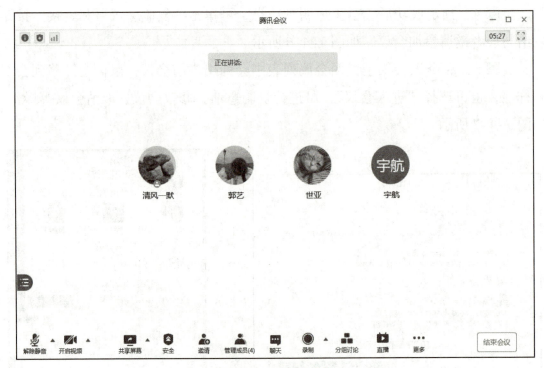

图 7-4-9　主要功能

步骤 4：通过"管理成员"，打开人员管理界面，可对参会者进行改名、静音、设为主持人、移除会议等操作，如图 7-4-11 所示。

项目 7　辅助办公小能手

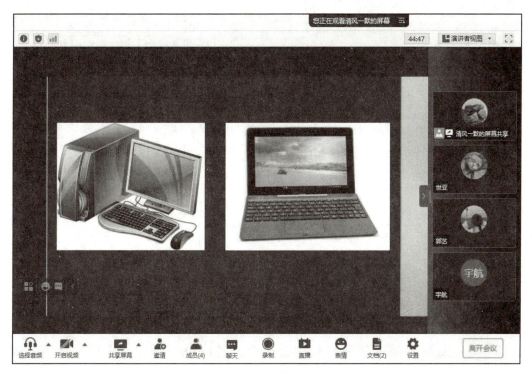

图 7-4-10　共享屏幕

图 7-4-11　管理成员

步骤 5：通过选择"更多"→"文档"选项，可打开文档管理界面，可以新增文档或者导入文档，成员可以直接查看相关文档，如图 7-4-12 所示。

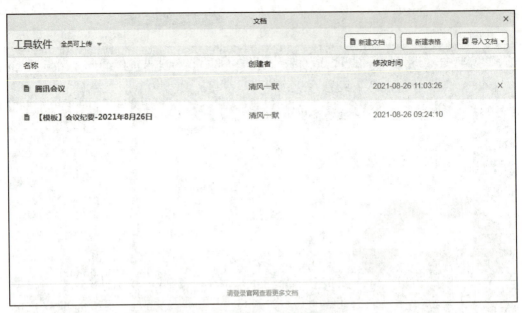

图 7-4-12 文档管理

步骤 6：通过"聊天"可打开聊天界面，各成员可以进行沟通、交流，如图 7-4-13 所示。

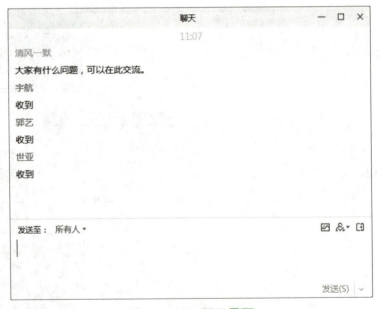

图 7-4-13 聊天界面

另外，通过"解除静音""开启视频"可以对主持人语音和视频进行控制；通过"邀请"把会议信息发送给需要参加会议的成员，邀请他们参加会议；通过"安全"设置安全相关选项；通过"录制"设置录屏相关参数；通过"分组讨论"进行议题的分组研讨；通过"直播"进行现场直播等。

相关知识

　　网络会议系统是以网络为媒介的多媒体会议平台，使用者可突破时间、地域的限制通过互联网实现面对面般的交流效果。强大的数据共享功能更为用户提供了电子白板、网页同步、程序共享、演讲稿同步、虚拟打印、文件传输等丰富的会议辅助功能，能够全面满足远程视频会议、资料共享、协同工作、异地商务、远程培训及远程炒股等各种需求，从而为用户提供高效快捷的沟通新途径，有效降低公司的运营成本，提高企业的运作效率。

　　网络会议又称远程协同办公，它可以利用互联网实现不同地点多个用户的数据共享。网络视频会议是网络会议的一个重要组成部分，而根据会议对软硬件的需求程度，大致可以将其分为硬件视频会议、软硬件综合视频会议、软件及网页版视频会议3种形式。

　　（1）硬件视频会议具有音视频效果好、稳定性高但造价昂贵且维护困难的特点，早期主要在政府部门、跨国企业中应用，随着软件视频会议的兴起，已经逐渐被软件视频会议所代替了。

　　（2）软硬件综合视频会议结合硬件和软件的优势，但是也存在价格比较昂贵、维护困难的特点，应用范围不广。

　　（3）软件及网页版视频会议是当前视频会议的主流趋势，也是未来的发展之一，已经被广泛应用在政府、军队、公安、教育、医疗、金融、运营商、企业等领域，其最大的特点是廉价，且开放性好，软件集成方便。随着网络条件的提高、技术的进步，软件视频会议的稳定性、可靠性越来越好，已经可以媲美硬件视频系统，并以硬件的百分之一甚至更低的价格赢得了众多用户的青睐，正大规模地普及开来。

拓展知识

　　腾讯课堂是腾讯推出的专业在线教育平台，聚合大量优质教育机构和名师，下设职业培训、公务员考试、托福雅思、考证考级、英语口语、中小学教育等众多在线学习精品课程，打造老师在线上课教学、学生及时互动学习的课堂。

　　腾讯课堂凭借QQ客户端的优势，实现在线即时互动教学，并利用QQ积累多年的音视频能力，提供流畅、高音质的课程直播效果；同时支持PPT演示、屏幕分享等多样化的授课模式，还为教师提供白板、提问等能力。

腾讯创建在线教育平台——腾讯课堂，改善了中国教育资源分布和发展不均的现状，依托互联网，打破地域的限制，让每个立志学习，有梦想的人，都能接受优秀老师的指导和教学；同时希望给优秀的机构及教师一个展示的平台。

腾讯课堂的主要功能特色如下。

（1）直播课程，支持举手、送花功能，实现和老师线上互动。

（2）题库功能，手机上也能轻松刷题。

（3）支持生成回放，可以反复学习。

（4）录播倍速播放，自由选择学习速度。

拓展任务

使用腾讯课堂上课，其具体步骤如下。

步骤1：通过官网下载和注册腾讯课堂，为了方便上课、学习，建议教师下载安装老师极速版，学生下载安装学生手机版。

步骤2：单击腾讯课堂老师极速版图标，进行登录，如图7-4-14所示。

步骤3：登录后进入腾讯课堂主界面，可以进行课堂、作业、课件、备课资源等的管理，如图7-4-15所示。

图 7-4-14 用户登录

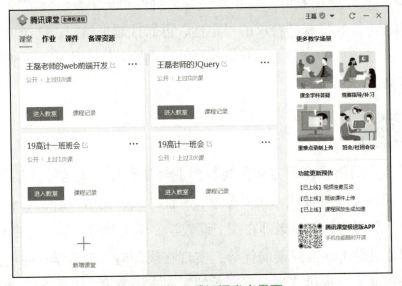

图 7-4-15 腾讯课堂主界面

步骤4：在课堂模块，单击"新增课堂"按钮，打开"创建课堂"对话框，可设置课堂名称、课堂权限，单击"确定"按钮完成新课堂设置，如图7-4-16所示。

图7-4-16　新增课堂

步骤5：在课堂列表中，选择要讲授的课程"工具软件"，单击"进入教室"按钮，进行授课内容设置，可开启"生成回放"，讲课结束后会保存回放视频供学习者使用。如图7-4-17所示。

图7-4-17　课程设置

步骤6：单击课程设置"确认"按钮，进入腾讯课堂主界面，单击"上课"按钮，选择要分享屏幕的区域，开始正式上课，如图7-4-18所示。

步骤7：学生打开腾讯课堂学生版登录，输入老师所给的ID，单击"确定"

按钮进入课堂即可上课。

图 7-4-18　上课设置

做一做

1. 利用腾讯会议以组为单位召开一次腾讯会议。
2. 利用腾讯课堂以组为单位模拟一次线上授课，生成回放。